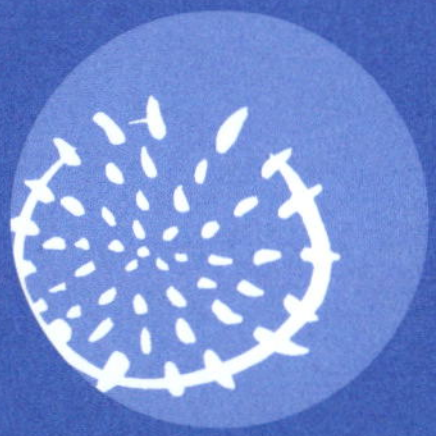

DOG

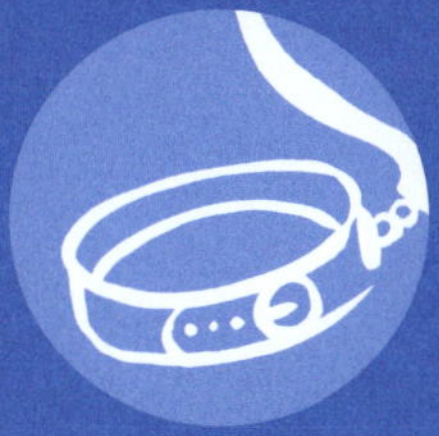

MONIKA WEGLER

Hundekinder

entdecken die Welt

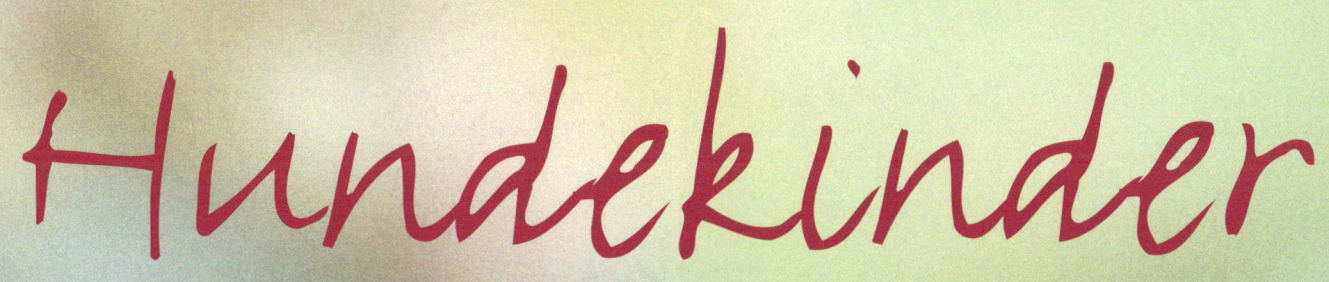

Hundekinder

entdecken die Welt

Die ersten sechs Lebensmonate
Wie Hundekinder sich entwickeln und lernen
Mit Geschichten aus dem Leben von vier Welpen

TEXT UND FOTOS:
MONIKA WEGLER

Inhalt

4. bis 5. Woche

Platz da, ich komme 37

6. bis 7. Woche

Kräfte messen – Neues entdecken 55

Die Hundekinder werden selbstständig...

8. bis 10. Woche

Abschied und Neubeginn 77

3. bis 7. Monat

Hier gefällts mir 99

Unsere kleinen stars:

Aus Aishas Wurf mit insgesamt acht Welpen wurden unsere vier Superstars ausgewählt. Erleben Sie, wie die Welpen zu Hundepersönlichkeiten heranwachsen und erfahren Sie dabei viel Wissenswertes.

Kara

Von zarter Statur, besonders munter und agil, verspielt, aber mit einigem Durchsetzungsvermögen ... auf Seite 5, 8, 17, 21, 22, 36, 44, 59, 60, 66, 67, 100, 103, 109.

Suse

Wuscheliger Wonnebrocken, temperamentvoll und ein Showtalent ... auf Seite 2, 5, 6, 14, 15, 17, 34, 35, 41, 43, 44, 46, 47, 49 ,51, 52, 60, 68, 70, 71, 78, 81, 82, 86, 87, 90, 95, 96, 104, 111, 119.

Jocker

Raffinierter Charmeur mit „Seelchenblick" und bester Spielfreund von der lustigen Suse ... auf Seite 2, 6, 17, 30, 31, 41, 46, 47, 49, 54, 60, 68, 76, 85, 98, 100, 108, 119.

Benny

Aufgewecktes Kerlchen mit Hang zum Frechdachs ... auf dem Titel, Seite 2, 4, 10, 18, 22, 24, 27, 28, 33, 36, 38, 41, 59, 63, 64, 67, 72, 75, 76, 78, 85, 90, 93, 95, 96, 97, 103, 106, 111, 119.

Vorwort

*Aus einem Hund wird nie ein Mensch auf vier Pfoten,
aber vielleicht ein tierisch guter Freund.*

(Monika Wegler)

MONIKA WEGLER

Sie lebt und arbeitet seit 1983 als freie Fotografin und Autorin in München. Mit Engagement setzt sie sich für Tiere ein und unterstützt den Tierschutz tatkräftig.

Für dieses Buch wollte ich eine in Not geratene trächtige Hündin bei mir aufnehmen und ihr einen vorbildlichen Pflegeplatz bieten. Sowohl die Hundemutter, als auch die Welpen sollten sich von Anfang an bei mir zu Hause fühlen. Schließlich fand ich Aisha, eine Hündin, die bisher einem harten Leben auf Rumäniens Straßen ausgesetzt war. Wir beide, die Hündin und ich, verstanden uns auf Anhieb, als ich sie im Tierschutzverein abholte. Trotz ihrer schlimmen Erfahrungen besitzt Aisha ein liebes verträgliches Wesen, akzeptierte von Anfang an meine Katzen im Haus und wurde eine wunderbare Hundemutter von acht Welpen. Acht Welpen aufzuziehen und ihre Entwicklung in Fotos festzuhalten, erforderte monatelangen Einsatz fast rund um die Uhr. Diese kräftezehrende Arbeit war mir nur durch den unermüdlichen Beistand meiner beiden Helfer möglich. Lassen Sie sich nun die Geschichten von Aishas Welpen Suse, Kara, Joker, Benny und den anderen erzählen und erleben Sie mit, wie jeder auf seine Art zu einer Hundepersönlichkeit heranwuchs. Sie erfahren viel Wissenswertes mit praktischen Tipps über die Aufzucht von Welpen. Darüber hinaus lernen Sie die typischen Verhaltensweisen von Hundekindern kennen und werden anschließend verstehen, warum eine gute Sozialisierung für einen Welpen so immens wichtig ist. Sie erleben hautnah mit, wie sich die Mischlingswelpen in ihrem Aussehen verändern. Eine spannende Angelegenheit, die in dieser Form und über so einen langen Zeitraum noch nie zuvor in einem Buch festgehalten wurde.

Monika Wegler

Mama ist für alle da

Hundekinder kommen mit geschlossenen Augen und taub auf die Welt. Sie sind hilflose Wesen, völlig

auf die Fürsorge der Mutter angewiesen. In der **ersten Lebenswoche** werden sie

unermüdlich von der Hündin gesäugt, gewärmt und sauber gehalten. Als Mensch kann man die

Hundemutter bei ihrem kräftezehrenden „Fulltimejob" mit liebevoller Pflege unterstützen.

Angekommen!

ALS ICH DER TRÄCHTIGEN HÜNDIN das erste Mal begegne, um sie zu mir nach Hause zu holen, ruht sie wohlig ausgestreckt auf dem Wohnzimmer-Sofa. Sie ist mittelgroß, hat ein hübsches Gesicht und blond-weißes Fell. Ihr bisher hartes Leben auf Rumäniens Straßen sieht man ihr kaum noch an. Die Hündin wurde inzwischen von der Leiterin des Tierschutzvereins, die sie aufgenommen hat, mit gutem Futter „aufgepäppelt". Hier muss sie nicht mehr um jeden Knochen kämpfen und statt wie bisher mit Steinen beworfen und angeschrieen zu werden, geht man freundlich und behutsam mit ihr um. Dies sind erste Schritte, um bei einem Hund das gestörte Vertrauen zum Menschen langsam wieder aufzubauen. Als kleines Geschenk habe ich der zukünftigen Hundemutter ein Wiener Würstchen mitgebracht, das sie mit zwei Bissen verspeist. Anschließend darf ich sie streicheln. Der Grundstein für ein gutes Verhältnis scheint gelegt. Einer spontanen Eingebung folgend nenne ich die Hündin „Aisha". Erst Wochen später erfahre ich die Bedeutung dieses Namens: „Aisha" kommt aus dem Arabischen und heißt übersetzt: „Leben". Ich bin fest entschlossen, der Straßenhündin und ihren Welpen ein glückliches Hundeleben zu ermöglichen.

Im neuen Zuhause

Nach einer kurzen Autofahrt sind wir daheim. Ich zeige Aisha das Haus und mache sie mit meinen Katzen bekannt. Werden Hund und Katzen miteinander aus-

kommen? Doch Aisha verhält sich den Katzen gegenüber völlig friedlich, und so dulden meine Stubentiger großzügig die neue Hausgenossin. Um Eifersucht zu vermeiden achten wir später aber stets darauf, jedem Vierbeiner seine ganz persönlichen Streicheleinheiten zukommen zu lassen.

Am wohlsten fühlt sich Aisha offenbar im Wohnzimmer, denn hierher kehrt sie nach dem Rundgang durchs Haus zurück. Kein Problem – ihr Körbchen steht sowieso schon neben dem Sofa. Nun neigt sich ein aufregender Tag langsam dem Ende. Während Aisha es sich in ihrem Körbchen bequem macht und schon bald einschläft, genieße auch ich den Abend.

Heute steht ein Besuch beim Tierarzt an. Die Hündin hat bereits eine Tollwutimpfung bei der Tierschutzorganisation erhalten, ist entwurmt und wurde erfolgreich gegen Flöhe behandelt. Auf Grund ihrer Trächtigkeit müssen wir aber fürs Erste auf den sonst üblichen Komplett-Impfschutz verzichten, um die gesunde Entwicklung der Föten nicht zu gefährden. Die Trächtigkeit beträgt etwa 60 bis 65 Tage. Durch Abhören und nach einer Ultraschalluntersuchung schätzt der Tierarzt, dass die Hündin in etwa drei bis vier Wochen ihre Jungen zur Welt bringen wird.

Aisha gewöhnt sich überraschend schnell bei uns ein. Ihre größte Freude sind die täglichen Spaziergänge, bei denen sie an einer Flexi-Leine laufen darf. An der Straße wird sie kurz, im Park und auf den Feldern an langer Leine geführt. Aisha passt ihr Lauftempo dem meinem so an, dass es ein Vergnügen ist, mit ihr „Gassi" zu gehen. Als trächtige Hündin, die zudem erst kurze Zeit bei uns lebt, dürfen wir jedoch zu ihrem eigenen Schutz nicht riskieren, sie bereits jetzt

Aisha hat beträchtlich an Leibesumfang zugenommen. Zwei Tage später sind die Welpen da.

Aisha hat die Nabelschnur mit Hilfe der Zähne durchtrennt und leckt nun ihren neugeborenen Welpen trocken. Es ist Suse, die, 380 Gramm schwer, als Sechste auf die Welt kommt. Noch ganz nass und dünn, wird sie nach der Erstversorgung durch die Mutter instinktiv zur Zitze robben, um die wertvolle Kolostralmilch zu trinken.
Seite 15: Zwei Tage später schläft Suse mit prall gefülltem Bäuchlein zufrieden an Mamas Kopf geschmiegt.

schon frei – ohne Leine – laufen zu lassen. Dazu kennen wir uns noch zu wenig.

Dann kommt der Tag, an dem ich Aisha mit Kamera und Blitzlicht bekannt mache. Als ich die Blitzlichtanlage auslöse, zuckt sie erschreckt zusammen und versteckt sich hinter dem Sofa. Das kann ja heiter werden! Schließlich möchte ich ja Geburt und Entwicklung ihrer Kleinen in Fotos festhalten. Jetzt ist guter Rat teuer. Wie kann ich Aisha die Scheu vor dem Blitzlicht nehmen?

Hunde lernen zum einen durch positive Erfahrungen. Also entscheide ich mich, Aisha ausschließlich im Wohnzimmer und dem darüber liegenden Fotostudio zu füttern. Nach zwei Wochen Training, unterstützt durch Lob, Streicheln und extra „Leckerli" verbindet Aisha die ungewohnte Studioatmosphäre mit positiven Empfindungen.

Bald ist es soweit

Aishas Bauchumfang nimmt nun deutlich sichtbar zu. Sie hat vier Kilogramm an Gewicht zugelegt, und wir stellen uns auf einen großen Wurf von mindestens acht Welpen ein. Die Kleinen in ihrem dicken Bauch strampeln und drücken der Mutterhündin kräftig auf die Blase. Statt zweimal täglich, muss Aisha nun fünf-mal am Tag raus. Doch jetzt, gegen Ende der Trächtig-keit, möchte sie nicht mehr so weit und lange laufen. Auch der Magen hat nun keinen Platz mehr, um grö-ßere Futtermengen auf einmal aufzunehmen.

Anstelle von zwei Futterrationen täglich, bekommt die Hündin ab der fünften Trächtigkeitswoche täglich drei, ab der siebten Woche vier kleinere Mahlzeiten. Ich füttere nur wenig Trocken- und Dosenfutter, dafür viel Frischkost: rohes geschabtes Rindermuskel-

Tipp

Geben Sie einer sensiblen Mutterhündin zweimal täglich 5 Globuli Pulsatilla D12. Die-ses homöopathische Mittel hilft der Hündin, mit den vielen körperlichen und seelischen Veränderungen besser fertig zu werden.

*Aisha hat es geschafft.
Alle Welpen sind gesund
auf die Welt gekommen.*

fleisch mit einem Drittel Reis und püriertem Gemüse oder eine spezielle Flockenmischung mit Kräutern, ergänzt mit einem Teelöffel kalt gepresstem Distelöl. Dazu gibt es ein Kalk-und ein Multivitamin-Mineralstoffpräparat vom Tierarzt.

Das ideale Wurflager

Im Wohnzimmer ist längst alles für die Geburt hergerichtet: ein handelsüblicher Hundeplastikkorb für die ersten zwei Wochen nach der Geburt, eine selbst gebaute geräumige Kiste aus Holz für die Zeit danach, eine Waage, Fieberthermometer, Wunddesinfektionsspray, Schere, Zwirn, Stift, Notizheft, mehrere Baumwolldecken, Laken sowie wasserfeste Zellstoffeinlagen. Die Zellstoffeinlagen legt man unter den Körper der Hündin. Wenn sich die Einlagen mit Fruchtwasser und Blut voll gesaugt haben, kann man sie leicht wechseln. So liegen die Neugeborenen trocken und kühlen nicht aus. Aisha scharrt und kratzt im Wurfkorb und sucht immer öfters meine Nähe. Ich habe mir ein Schlaflager neben ihrem Wurfplatz eingerichtet, um ihr notfalls helfend zur Seite zu stehen.

Der große Tag

Nach einer unruhigen Nacht gehe ich noch etwas schlaftrunken mit Aisha um 7.20 Uhr nach draußen. Doch gleich, nachdem sie ihr Bächlein gemacht hat, drängt sie wieder nach Hause. Und dann geht alles so schnell, dass die Hündin nicht einmal rechtzeitig ihr Wurflager im Wohnzimmer erreicht. Ich kann Welpe Nr. 1 gerade noch mit beiden Händen auffangen: „Hoppla, du hast es aber eilig." Und damit bekommt Nr. 1, ein Mädchen, gleich ihren Namen: „Hoppla".

Unter Presswehen wird ein Welpe nach dem anderen mit einem Schwall Fruchtwasser ausgestoßen. Manchmal ist die schützende Fruchtblase durch den Druck schon geplatzt, ansonsten wird sie von der Hündin instinktiv mit den Zähnen geöffnet und aufgefressen. Sie leckt mit ihrer rauen Zunge die Atemwege des Welpen von Schleim frei, durchbeißt die Nabelschnur und frisst die Plazenta. Ein natürlicher Vorgang, durch den die Hündin ihr Wurflager sauber hält und selbst mit wichtigen Nährstoffen versorgt wird. Kontrollieren Sie die Nachgeburten. Sie müssen immer mit der Anzahl der Babys übereinstimmen!

Wenn einige Welpen, wie bei Aisha, im 5- bis 10-Minutentakt hintereinander geboren werden, kommt auch die fürsorglichste Hundemutter mit der Erstversorgung nicht rasch genug nach. Hier sollte man unterstützend eingreifen. Öffnen Sie in diesem Fall die Fruchthülle mit den Fingern, und säubern Sie die Nasenöffnung des Neugeborenen mit einem rauen Handtuch, damit es frei atmen kann. Danach wird das Hundebaby vorsichtig am ganzen Körper abgerubbelt, bis es trocken, warm und gut durchblutet ist.

Aisha nabelt alle Welpen selbstständig ab. Doch manche Hündin tut dies nicht. Dann muss man selbst Hand anlegen. Binden Sie die Nabelschnur mit Zwirn, etwa fünf Zentimeter vom Bauch des Welpen weg, ab. Dann noch ein zweites Mal mit einem etwa daumenbreiten Abstand zur ersten Abbindestelle. Zwischen den abgebundenen Stellen ist die Nabelschnur nun nicht mehr durchblutet. Sie wird mit einer Schere durchtrennt und mit einem Wundspray desinfiziert.

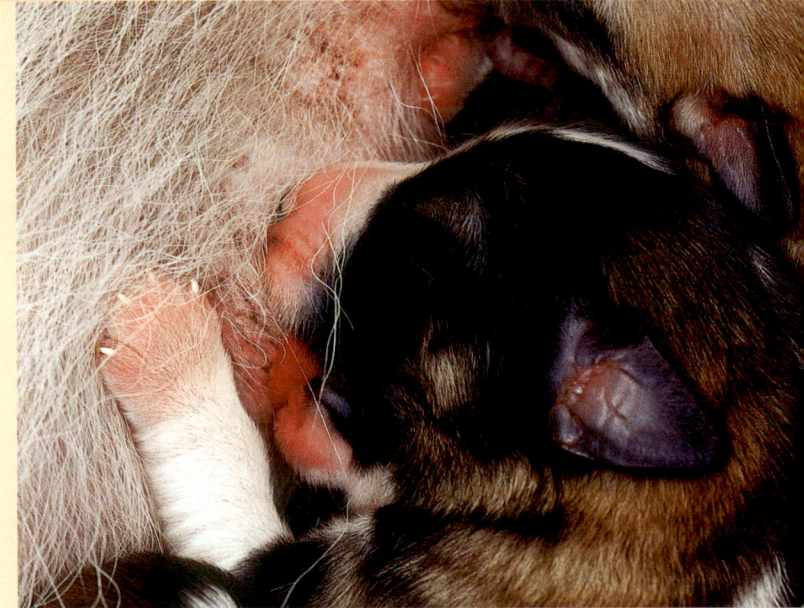

In ihrer ersten Lebenswoche werden die noch hilflosen Welpen fast rund um die Uhr von der Mutter versorgt.

Foto oben: Suse saugt kräftig an der Zitze und tretelt mit den Vorderpfoten, um die Milchproduktion bei ihrer Mutter anzuregen.

Foto Mitte: Im Schlaf zucken die Kleinen mit den Gliedern, machen Saugbewegungen und wimmern leise. Wovon mag Kara wohl träumen?

Foto unten: In diesem Alter können Hundekinder ihre Körpertemperatur noch nicht alleine konstant halten. Dicht aneinander gekuschelt ist es schön warm.

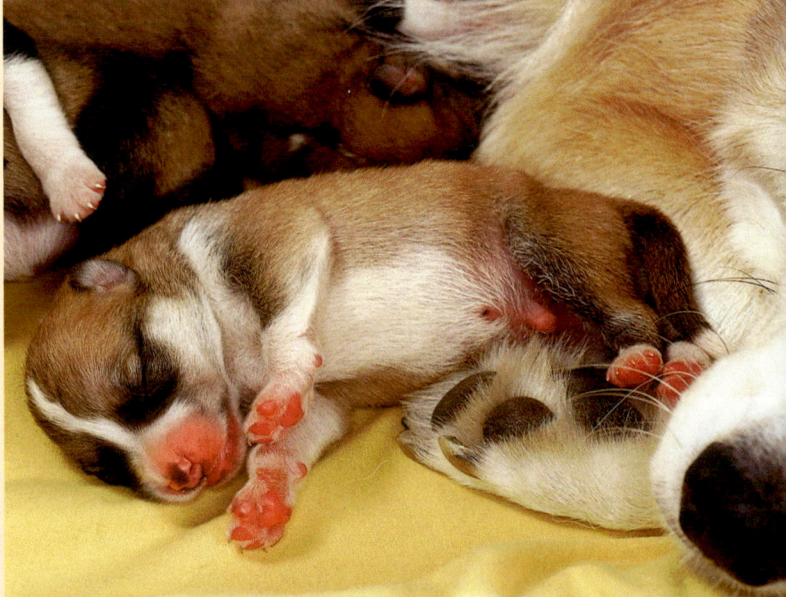

Die Geburt

Schon die wenige Tage alten Welpen werden von uns behutsam an menschliche Berührung gewöhnt. Besucher jedoch müssen noch warten, um die Hundemutter Aisha nicht zu sehr zu beunruhigen. Titelhund Benny, hier zehn Tage alt, hat heute zum ersten Mal seine Augenlider geöffnet. Ein besonders vorwitziges Kerlchen, wie wir später noch feststellen konnten.

Nach der Geburt habe ich jeden Welpen gewogen, sein Gewicht, Geburtszeitpunkt, Geschlecht und besondere Kennzeichen notiert, damit ich die Kleinen voneinander unterscheiden kann.

Während ich behutsam die Zellstoffeinlagen wechsle, massiere und streichle ich Aisha sanft und beruhigend. „Fein machst du das. Bist eine gute Hundemama." Auch wenn der Hund unsere Worte nicht versteht, empfindet er den liebevollen Tonfall und das sanfte Berühren als angenehm und beruhigend. Als Aisha zwischen Welpe fünf und sechs eine kleine Pause von 45 Minuten einlegt, komme ich endlich auch dazu, die ersten Fotos zu schießen.

Nach zwei Stunden, um 9.40 Uhr, liegt die Hundmutter dann etwas erschöpft, aber zufrieden mit acht gesunden Welpen im Wurfkorb. Sie hat sechs „Mädchen" und zwei Rüden, die zwischen 250 Gramm und 380 Gramm wiegen, zur Welt gebracht. Äußerlich unterscheiden sich meine zukünftigen Fotomodelle noch kaum voneinander. Doch aus Erfahrung weiß ich, dass sich das bei einem Mischlingswurf überraschend ändern kann. Zum Abschluss reinige ich Aishas Fell an den stark blutverklebten Stellen mit einem feuchten Waschlappen und beziehe das Wurflager frisch. Dann bekommt die Hundemutter eine leckere Aufbaukost: Quark, verquirlt mit 1 Teelöffel Honig, 1 Eigelb, 1 Teelöffel Traubenzucker und Wasser.

Nun erst gönne ich mir selbst einen Kaffee und seufze am Frühstückstisch einmal kräftig durch. Acht Hundekinder! Da kommt viel Arbeit auf uns alle zu. Wie gut, dass ich schon im Vorfeld für zwei tüchtige Helfer gesorgt habe, zu denen auch Aisha bereits ein Vertrauensverhältnis aufgebaut hat.

Trinken und schlafen

Stellen Sie sich vor, Sie hätten einen Bärenhunger, könnten aber weder sehen noch hören noch laufen. Leckeres Essen naht. Sie riechen es bereits, jedoch

Test:
Alle gesund und gut entwickelt?

Ja   Nein

○   ○   1. Die Hundemutter ist fieberfrei. Die Normaltemperatur liegt bei 38,2 bis 38,4 °C. plus, minus 0,3 °C (auf beide Werte bezogen). Bei 39 °C unbedingt den Tierarzt kommen lassen!

○   ○   2. Die Hündin frisst gut, hat eine geregelte Verdauung und keinerlei grünlichen Ausfluss.

○   ○   3. Ihre Zitzen fühlen sich weich und geschmeidig an.

○   ○   4. Alle Welpen saugen, nehmen an Gewicht zu und wirken zufrieden.

○   ○   5. Die Nabelschnüre trocknen und fallen ab. Kein Nabelbruch und keine Verletzung ist erkennbar.

○   ○   6. Das Wurflager steht an einem ruhigen, zugfreien und warmen Platz.

Sie konnten alle Fragen mit einem klaren „Ja" beantworten? Prima. Dann steht momentan alles zum Besten mit Ihrer Hundefamilie. Ansonsten müssen Sie mit dem Tierarzt sprechen und die Haltungsbedingungen ändern.

Die Geburt

„kämpfen" noch sieben andere Hungrige um das ersehnte Mahl. Sie sind einzig und allein auf Ihren Geruchs- und Tastsinn angewiesen und müssen sich anstrengen, damit die anderen Ihnen nicht das ganze Essen vor der Nase wegfuttern. So in etwa verläuft das Leben der Hundebabys in ihren ersten zehn Lebenstagen. Und hat eines der Kleinen endlich eine Zitze

Suse

FESTHALTEN GILT NICHT

Als ich Aisha heute ihr Futter bringe, läuft sie mir freudig entgegen. Doch was hängt denn da an einer ihrer Zitzen und landet nun mit einem Plumps auf dem weichen Teppich? Und wer kann denn schon so laut schreien? Es ist Suse. Sofort vergisst die besorgte Mutter ihren Hunger, kehrt um und leckt ihr verlorenes Kind beruhigend ab. Nun weiß ich, warum es keinem der Geschwister gelingt, Suse, wenn sie mal an einer Zitze saugt, davon abzudrängen. Sie hält fest, was ihr gehört und lässt auch dann nicht los, wenn Mama aufsteht. Ich werde Aisha wohl zukünftig direkt neben dem Wurfkorb füttern müssen.

erreicht, dann gilt es diese zu verteidigen, denn von oben und unten versuchen die Geschwister einander von Mamas „Zapfstellen" wegzudrücken. Sie stemmen sich mit den Hinterbeinen fest in die Unterlage und rudern mit den Vorderpfoten. Eine kräftezehrende Angelegenheit. Wen wundert es, wenn die Jungen nach dem Mahl erschöpft einschlafen.

Aber Aishas Milch fließt reichlich und alle Welpen haben schon nach sechs Tagen ihr Geburtsgewicht verdoppelt. Übrigens produziert die Hündin in den ersten 48 Stunden die so genannte Kolostralmilch, die wichtige Immunstoffe enthält. Sie schützen den Nachwuchs für die nächsten Wochen vor Infektionen.

Natürlich können Welpen nur so prächtig gedeihen, wenn die Mutterhündin hochwertig und ausreichend ernährt wird. Aisha frisst nun, verteilt auf vier Mahlzeiten täglich, die dreifache Futtermenge. Erst mit zurückgehender Milchleistung, wenn die Hundekinder selbstständig fressen, werden ihre Portionen langsam reduziert.

Morgens um 7.00 Uhr gibt es das Quarkfrühstück (→ Seite 19), allerdings ohne Traubenzucker. Um 12.00, 16.00 und 20.00 Uhr die Frischkost mit den weiteren Zutaten (→ Seite 16) Auf Dosen- und Trockenfutter werde ich Aisha und später ihre Welpen erst einige Zeit vor der Abgabe langsam umstellen, wenn die neuen Halter diese Art der Fütterung bevorzugen. Wie man seinen Hund ernährt, liegt letztlich in der Verantwortung jedes einzelnen Halters. Meinungen darüber, welche Art der Fütterung die beste für den Hund ist, werden auch in Fachkreisen immer noch sehr kontrovers diskutiert.

Nach der Geburt ist der Schutzinstinkt der Hündin besonders ausgeprägt. Anderen Hunden und Fremden gegenüber kann es nun zu Aggressionen kommen. Respektieren Sie dieses natürliche Verhalten.

Halten Sie alles von der Hündin fern, was sie unnötig beunruhigt und Stress verursachen könnte. Vertrösten Sie beispielsweise Besucher, die unbedingt die süßen Welpen in Augenschein nehmen möchten, lieber auf später.

Wenn ich abends vor dem Schlafengehen im Wurfzimmer noch leise Musik höre, kommt Aisha herbei, legt ihren Kopf auf mein Knie und genießt ihre wohlverdienten Streicheleinheiten. Im Hintergrund schlafen die satten Welpen, schmatzen, fiepen und zucken mit den Beinchen ...

Am siebten Tag haben die Welpen ihr Geburtsgewicht mehr als verdoppelt. Ihre anfangs rosafarbenen Nasen bekommen nun schwarze Flecken, bis sie sich gänzlich schwarz färben. Dunklere Fellpartien beginnen sich aufzuhellen. Hier schläft Kara an Mamas Schwanz gekuschelt.

Leben heißt wachsen

Wenn die Welpen zwischen dem 10. und 14. Tag ihre Augen öffnen und anfangen zu hören, entwickeln sich auch ihre körperlichen Fähigkeiten weiter. Die anfänglich eher unproportionierten Babys wachsen in der **2. und 3. Lebenswoche** nach und nach zu niedlichen Welpen heran, die nun beginnen, einander zu entdecken und mit tapsigen Schritten ihre kleine Welt zu erobern.

Krabbelschule ...

ALS ICH EIN KLEINES MÄDCHEN WAR, bekam unsere Schäferhündin Senta Nachwuchs. Auch wenn es schon lange her ist, erinnere ich mich noch genau an den Augenblick, als ich ihre Babys das erste Mal anschauen durfte. Auf mich wirkten sie schlicht gesagt merkwürdig mit ihren Stummelbeinchen und dem viel zu großen Kopf, der ohne erkennbaren Halsansatz direkt am Körper festgewachsen schien. Als sie dann auch noch fiepten, statt wie Senta zu bellen, war es um meine Fassung geschehen: „Papa, die sehen ja wie meine Meerschweinchen aus. Bekommen die denn keine solch langen Beine wie Senta?" Natürlich bekamen sie die. Aber es dauerte noch weitere zweieinhalb Wochen, bis ich endlich abends beruhigt einschlafen konnte. An diesem Tag waren die Kleinen das erste Mal bellend auf mich zugetapst. Jetzt bestand kein Zweifel mehr: Das waren Sentas Kinder und für mich die schönsten Hündchen auf der ganzen Welt.

Sinne und Laute entwickeln sich

Etwa zwischen dem 10. bis 14. Lebenstag öffnen sich bei den blind geborenen Welpen die Augenlider. Bei Benny geschah dies bereits am 10. Tag, bei Maja, der Kleinsten, am 13. Tag. Fällt Licht in ihre blauen Augen, erkennt man deutlich eine leichte Eintrübung. Anfangs können die Welpen noch nicht scharf sehen. Erst gegen Ende der dritten Woche, wenn sich ihre Gehirnfunkion weiterentwickelt hat, sind die Welpen in der Lage, ihre Umwelt vollständig wahrzunehmen.

Fürsorglich leckt meine Kätzin Angelina dem 16 Tage alten Benny das Mäulchen. Sie mag die kuscheligen Hundebabys.

> Am 11. Tag reagieren Aishas Kinder das erste Mal auf Geräusche. Ihre Ohrmuscheln haben sich geöffnet und die Ohren kippen jetzt locker nach unten. In dieser Phase sollte man die Hündchen keinesfalls durch lauten Krach oder Geschrei erschrecken. Ein Schockerlebnis in dieser sensiblen Phase könnte sonst später beim erwachsenen Hund zu ängstlich-nervösen Verhaltensstörungen führen.

> Mit der Entwicklung der Sinne beginnen die Welpen, die bisher nur fiepende oder quäkende Töne von sich gaben, zu wuffen, zu bellen und sich anzuknurren. Mit Eifer üben die kleinen Racker diese neuen Lautäußerungen, wobei sie ihren Lärmpegel von Woche zu Woche steigern. Eine durchaus gewöhnungsbedürftige Angelegenheit.

> Neben dem neu entwickelten Seh- und Hörvermögen spielt für die Hundekinder jedoch der von Geburt an vorhandene Geruchssinn eine ganz wichtige Rolle. Mit tapsigen Schritten, die Nase auf dem Boden, erschnüffeln sie nun ihre kleine Welt. Wie intensiv sie von wahrgenommenen Gerüchen beeinflusst werden, veranschaulicht die nachfolgende Begebenheit.

Von Menschen- und Hundenasen

Die Welpen waren nun 23 Tage alt und begannen, spielerisch miteinander zu raufen. Natürlich wollte ich diese lustigen Szenen in Fotos festhalten. Als Fotomodelle suchten wir Kara, Benny und Bella aus. Diese drei beschäftigten sich zu diesem Zeitpunkt am aktivsten miteinander. Wir trugen die Hundekinder in einem Körbchen nach oben ins Studio, das die Kleinen bereits kannten. Allerdings hatte ich hier eine neue Szenerie für die Fotos aufgebaut.

Geruchssinn

Wir setzten die Welpen auf dem blauen Teppich ab, den ich entsprechend drapiert hatte, woraufhin die Hundekinder eifrig zu schnüffelten begannen. So weit, so gut. Doch als die Kleinen dann versuchten, möglichst weg von dem Teppich zu kommen und sich zu verstecken, war ich sehr verwundert. Wir probierten es mit gutem Zureden und Streicheln.

Joker

BIST DU MAMA?

Heute hat sich Kätzin Angelina wie schon so oft zum Kuscheln mitten unter die Welpen gelegt. Doch plötzlich schnüffelt einer von den Kleinen mit der Schnauze an ihrem Bauch und versucht vergeblich an einer Zitze zu saugen. Nix da! Energisch wird der Aufdringling mit den Hinterbeinen weggetreten. Wie konnte es zu dieser Verwechslung kommen? Trotz geöffneter Augen kann Joker mit zwei Wochen noch nicht scharf sehen. Vielleicht hat er mit seiner feinen Hundenase einen vertrauten Geruch bei Angelina wahrgenommen, der ihn dann zum „Fremdsaugen" verführt hat.

Doch alles half nichts. Alle drei Hündchen wirkten verunsichert und bei weitem nicht so entspannt wie sonst. Also brachten wir unsere Fotomodelle wieder zu Mama in die Wurfkiste.

Im Studio setzte ich mich auf den Boden, um nachzudenken. Was konnte die Kleinen so verunsichert haben? Was hatten wir übersehen oder nicht bedacht? Plötzlich fiel es mir wie Schuppen von den Augen. Der Teppich! Er war zwar frisch gewaschen, aber Monate zuvor, hatte ich fremde Hunde und Frettchen darauf fotografiert. Konnte es sein, dass er immer noch nach den fremden Tieren roch? Ich machte einen Geruchstest. Doch für mich roch der Teppich lediglich sauber. Nicht einmal „Frühlingsduft" stieg mir in die Nase, denn in meinem Tierhaushalt verwende ich keinerlei parfümierten Weichspüler.

Jetzt wollte ich wissen, was Sache war. Kurz entschlossen holte ich die Decke, die ich den Kleinen einige Tage zuvor zum Kuscheln in die Wurfkiste gelegt hatte, ins Studio. Ich legte sie auf den Teppich. Und siehe da, kaum saßen die Hündchen auf ihrer vertraut riechenden Unterlage, verhielten sie sich völlig entspannt. Erstaunlich, wie hervorragend der Geruchssinn von Hunden ausgeprägt ist. Kurze Zeit später begannen sie, miteinander zu spielen. Auf dem Foto Seite 22 rauft Kara gerade mit dem unter ihr liegenden Benny. Bella ist inzwischen selig entschlummert.

Schritt für Schritt voran

Mit der Entwicklung der Sinne harmonisieren sich auch die Körperproportionen. Die Beinchen werden länger, der Körper streckt sich, so dass der Kopf im Verhältnis zum übrigen Körper nicht

mehr so unnatürlich groß wirkt. Nun ist es für die Kleinen wichtig, ihre Gliedmaßen und Muskeln zu trainieren.

> Am 14. Tag können Aishas Babys schon den Kopf heben und sich aufrichten. Sie robben nun nicht mehr, sondern versuchen ein Kriechlaufen, wobei das Bäuchlein noch über den Boden schleift.

> Am 17. Tag versucht Benny als Erster zu gehen. Mit zitterndem Schwänzchen setzt er, nur mühsam sein Gleichgewicht haltend, ein Bein vor das andere. Eine kräftezehrende Angelegenheit, bei der sich der Kleine

Ganz entspannt schläft der drei Wochen alte Welpe im Arm meiner Enkeltochter Jana. Sie hat von uns gelernt, wie man mit Hundekindern richtig umgeht. Diese positive Erfahrung legt den Grundstein dafür, dass aus dem Hündchen später ein kinderfreundlicher Hund wird.

Mit Beginn der zweiten Lebenswoche können die Hundekinder noch nicht richtig laufen. Doch wie man sieht, lockt der Ruf der „großen weiten Welt". Der Rand des Wurfkorbs stellt kein unüberwindbares Hindernis mehr dar.

Foto oben: Hundemutter Aisha schaut besorgt. Ob sie den kleinen Abenteurer zurückstupsen soll?

Foto Mitte: Schon ist es passiert. Maja hat sich zu weit über den Rand gebeugt und plumpst heraus.

Foto unten: Benny hat ebenfalls die Abenteuerlust gepackt. Er landet sanft auf dem Schaffell.

Ab der dritten Woche wird alles ins Mäulchen genommen, was Hündchen erreichen kann.

gleich wieder setzen und ausruhen muss. In den nächsten Tagen lege ich mich auf den Boden und rufe die Kleinen mit lockender Stimme herbei, wobei ich unterstützend dazu mit der flachen Hand leicht auf den Teppich klopfe. Und siehe da, taps, taps, kommen sie einer nach dem anderen im Zeitlupentempo auf mich zu gewackelt, fallen um, stehen wieder auf und weiter geht's. Jeder Welpe, der bei mir ankommt, wird gelobt und gestreichelt. Dies ist sehr wichtig, denn dadurch lernt Hündchen ganz spielerisch, was Hund später können soll: freudig zu seiner Bezugsperson zu kommen, wenn sie ihn ruft.

> Mit drei Wochen klappt es mit dem Laufen schon recht gut, nur beim Versuch schneller zu rennen, fallen die Hundekinder noch um.

> Am 23. Tag haben uns die Welpen mit einer weiteren „Leistung" überrascht. Wir wurden zum ersten Mal mit freudig wedelnden Schwänzchen begrüßt!

Maulspiele

Wenn Menschenkinder ihre ersten Zähnchen bekommen, wollen sie alles in den Mund nehmen und darauf herumkauen. Bei Hundekindern ist das nicht anders. In der dritten Lebenswoche, wenn das Milchgebiss durchbricht, wird ins Maul genommen und angeknabbert, was Hündchen erreichen kann. Und das sind zunächst vor allem die Geschwister. Anfangs versuchen sie, in einer Art „Maulspiel", sich gegenseitig zu erkunden, oder man übt sich in der Kunst, den anderen zu beißen, ohne gebissen zu werden. Besonders beliebt zum Knabbern sind auch die Öhrchen oder Beine des Geschwisterchens. Doch zu heftigen Raufereien und Rangordnungskämpfen kommt es in der dritten Woche noch nicht. Bis die Welpen schnell rennen, herumspringen und wild miteinander toben können, müssen die kleinen Racker noch fleißig ihre körperliche Gewandtheit trainieren.

Mehr Platz ...

Als die Welpen 15 Tage alt sind, purzelt immer öfter eines der Kleinen aus dem Hundekorb. Aisha leckt den Welpen dann beruhigend ab, trägt ihn aber nicht zurück in den Korb. Diese Aufgabe müssen wir übernehmen, was aber auf Dauer ganz schön lästig wird. Also steht der Umzug in die größere Wurfkiste an.

Diese Kiste besteht aus unbehandeltem Massivholz. Sie hat eine Grundfläche von 1 m x 1,25 m. Die Umrandung ist mit 40 cm so hoch, dass die Kleinen nicht hinaus gelangen können. Das vordere Brett kann man herausnehmen, damit die Welpen später einmal selbstständig hinaus- und hineinlaufen können. An der Innenseite der Umrandung sind in etwa 10 cm Höhe 10 cm breite Bretter waagerecht befestigt. Sie dienen dem Schutz der Welpen, denn es kommt ab und zu vor, dass die Mutterhündin beim Hinlegen ein Kleines unabsichtlich zwischen ihrem recht schweren Körper und der Außenwand einklemmt. Damit der hilflose kleine Welpe nicht erdrückt wird oder erstickt, lässt man ihm diesen Zwischenraum zum Darunterschlüpfen.

Die Wurfkiste hatte ich mir von einer Freundin ausgeliehen, sie war aber ursprünglich für eine viel größere Hündin gebaut worden. Deshalb bevorzugte Aisha für ihre Geburt und die Anfangszeit den etwas

Mit ihrer großen Zunge „massiert" Aisha den 12 Tage alten Joker so lange, bis er ein Bächlein macht. Und wie man sieht, war es höchste Zeit, denn sein Bächlein plätschert schneller, als es Aisha auflecken kann. Bis die Welpen ihre Verdauung selbstständig regulieren können, sind sie auf diese mütterliche Pflege angewiesen.

kleineren Hundekorb. Er war ihrer Größe so angepasst, dass sie sich darin hinlegen und ihre Babys säugen konnte. Zugleich vermittelte er ihr ein Gefühl der Geborgenheit. In einer zu großen Wurfkiste hätte sie sich nicht so wohl gefühlt. Außerdem können die Jungen anfangs nur robben und der Weg zu Mamas Zitzen wäre dann für sie zu weit entfernt gewesen. Nun aber ist die Wurfkiste genau das Richtige für die junge Hundefamilie.

Der Kampf mit den Bächlein

Noch immer putzt Aisha unermüdlich ihre Babys, regt dadurch ihre Verdauung an und frisst deren Ausscheidungen. Die meisten Hündinnen stellen dieses Verhalten zumeist ein, sobald ihr Nachwuchs feste Nahrung bekommt.

Doch trotz unermüdlichen Einsatzes kommt Aisha mit der Pflege ihrer Kleinen ab dem 18. Lebenstag nicht mehr nach. Die Welpen laufen aus wie undichte Wasserhähne. Nur gut, dass ich den Kistenboden mit einer wasserdichten Plane und darüber einer dicken Schicht Zeitungspapier ausgelegt habe. So kann der Urin nicht mehr auf den Fußboden durchdringen. Nur die Laken und Decken, die auf den Zeitungen liegen, werden zu schnell nass. Und Nässe kühlt die Welpen aus.

Das ständige Wechseln der Unterlage schafft jedoch viel Unruhe. Wenn Hunde jedoch nur auf einer Schicht Zeitungen gehalten werden, ist das auch keine gute Lösung. Obwohl das Papier den Urin gut aufsaugt, rutschen die Kleinen auf der glatten Oberfläche aus, was auf Dauer ihren Gelenken schadet.

Tipp

Wenn ein sonst gesunder Welpe viel weniger als seine Geschwister wiegt, lässt man ihn ab und zu als Ersten allein an Mamas Milchquelle saugen. Die „Dicken" müssen so lange in einem Kistchen warten.

Namensgebung

Aisha kommt mit dem Säubern
ihrer acht Kinder kaum nach.
Wir finden eine gute Lösung.

In meiner Not starte ich einen Rundruf bei allen erfahrenen Hundezüchtern und Tierschutzorganisationen, die ich kenne. Und bekomme endlich den rettenden Tipp, den ich hier gerne weitergebe.

Kaufen Sie sich im Fachhandel so genannte Teppichunterlagen, die man üblicherweise unter leichtere Läufer legt, damit sie nicht verrutschen. Diese Unterlagen (Multi-Grip) bestehen aus einem rutschfesten Kunststoffmaterial, welches durch kleinere Löcher den Urin auf die darunter liegende Zeitungsschicht durchsickern lässt. So liegen die Kleinen trocken und rutschen beim Laufen nicht mehr mit den Beinchen weg. Ich habe diese Matten nicht nur in der Wurfkiste, sondern auch im Auslauf der Welpen (→ Seite 44) verwendet. Man kann die Unterlagen waschen und – in doppelter Ausführung – stets die trockene zu den Welpen geben. Die Unterlage muss so groß sein, dass sie über den Rahmen des Auslaufs hinausragt, damit die kleinen Racker mit zunehmendem Alter keine Ecken herausziehen und daran knabbern können.

Jedem Hündchen seinen Namen

Ein Rassehund besitzt einen offiziellen Namen, der über seine Herkunft Auskunft gibt (Zwingername). Darüber hinaus erhalten alle Welpen eines Wurfes Rufnamen mit jeweils gleichen Anfangsbuchstaben. In der Reihenfolge des Alphabets werden so die Würfe eines Zwingers gezählt. Folglich beginnen die Rufnamen der Welpen aus Wurf 1 alle mit A wie zum Beispiel Asta oder Arcor, alle Welpen aus dem dritten Wurf erhalten Vornamen, die mit C anfangen wie etwa Cäsar oder Cora. Dies ist Vorschrift für alle Hundezüchter innerhalb des Zuchtverbandes. Bei der Namensfindung unserer Welpen waren wir nicht durch solche Vorschriften eingeschränkt, denn Aishas Mischlinge entstammten alle einem nicht nachweisbaren Genpool namenloser rumänischer Straßenhunde. Unser erstgeborenes Mädchen bekam seinen Namen gleich bei seiner Geburt, als es mir quasi in die

Alle Welpen werden täglich gewogen, auch wenn Benny das nicht so zu gefallen scheint. Am 12. Tag zeigt die Skala 800 Gramm. Er hat genügend zugenommen und sich im Wurf als Mittelgewicht etabliert.

Gegen Ende der dritten Lebenswoche haben wir mit dem Zufüttern begonnen. Hier bekommt Suse gerade ihre Quarkspeise gereicht, verquirlt mit Eigelb und einem Teelöffel Honig. „Hmm, lecker, lecker …" Doch als sie mit der Pfote kräftig auf die Schüssel drückt, kippt diese samt Inhalt um und landet der verdutzten Suse auf dem Kopf. Ja, das kommt davon, wenn Hündchen so gierig ist.

Hände fiel und mit meinem erstaunten: „Hoppla, …" auf der Welt begrüßt wurde.

Einen anderen Welpen nannten wir Bella, was italienisch „die Schöne" bedeutet. Wen erstaunt es da noch, dass sie zu einer besonders hübschen Hündin heranwuchs. Ein dickes Mädchen erhielt den Namen Daisy, in Erinnerung an die nette Freundin von Donald Duck. Das kleinste blonde Mädchen nannten wir Maja. Sie blieb zierlich, wurde aber so quirlig und schnell wie ihre Namensvetterin Biene Maja. Nun blieben noch unsere vier Superstars übrig: die beiden einzigen Rüden im Wurf und zwei Hündinnen.

Das zierlichere Mädchen nannte ich Kara. Diese Bezeichnung stammt aus dem Keltischen und bedeutet „Freundin". Sie wurde ein aufgewecktes Hundekind, das gerne mit jedem spielte, sich aber auch durchzusetzen wusste.

Der dicke wuschelige Wonneproppen erhielt den Namen Suse. Bis heute weiß ich nicht genau, warum. Suse entpuppte sich als Naturtalent vor der Kamera, das bei jeder Aktion begeistert mitspielte und manche lustige Einlage lieferte. Ein Beispiel für ihr Showtalent geben die Fotos oben. Ihr bester Freund wurde der kleine schwarz-weiße Rüde, den wir Joker tauften. Er entwickelte sich zu einem richtigen Charmeur mit Seelchenblick, der es aber faustdick hinter den Ohren hatte. Er verstand es bravourös, uns alle „um den Finger zu wickeln".

Unser Titelheld schließlich erhielt den Namen Benny: ein sehr fotogenes aufgewecktes Kerlchen, aber auch ein ganz besonderer Frechdachs. Nicht nur wir, sondern auch seine Mutter Aisha und sogar Kätzchen Angelina mussten ihn mehr als einmal in seine Schranken weisen.

Tipp

Wenn bei den Welpen die nadelspitzen Milchzähne durchbrechen, schmerzt das Säugen die Hündin, und es kann zu Verletzungen am Gesäuge kommen. Ich habe Aishas Zitzen von da an, bis zum Absetzen, regelmäßig mit Melkfett gepflegt und massiert.

Platz da, ich komme ...

Inzwischen sind die Welpen körperlich immer geschickter und gewandter geworden. Sie messen nun ihre Kräfte untereinander. Neugierig wollen sie in der 4. und 5. Lebenswoche ihr Umfeld entdecken und herumtoben. Die Hündin lässt sie kaum noch saugen. Um den Hunger der immer aktiveren Welpen zu stillen, wird es Zeit, sie auf feste Nahrung umzustellen.

Erste spiele ...

DIE AUFZUCHT VON ACHT WELPEN hat Aisha erschöpft. Sie steigt nur noch drei- bis viermal am Tag in die Wurfkiste und säugt ihre Welpen jetzt ausschließlich im Stehen. Wie eine wild gewordene Horde fallen die hungrigen Hundekinder jedes Mal über ihre Mutter her, saugen und ziehen an den Zitzen und versuchen mit Schnauzstößen auch noch den letzten Milchtropfen herauszuholen. Tapfere Aisha, deren Zitzen unter den nadelspitzen Zähnen sehr zu leiden haben. Ich erinnere mich an meine eigene Stillzeit, als mich mein allzu gieriger Sohn einmal in die Brust biss. Ein höllischer Schmerz. Kein Wunder, wenn da Aisha, wie die meisten Hündinnen, nun keine große Lust mehr zeigt, noch wochenlang weiter zu säugen. Es wird Zeit, mit der Zufütterung zu beginnen.

Von Muttermilch zu neuer Kost

Mit vier Wochen wiegen die Welpen zwischen 1700 und 2100 Gramm. Sie haben ihr Geburtsgewicht von 250 bis 380 Gramm etwa versechsfacht. Eine bewundernswerte Leistung der Mutterhündin, die allerdings nur Dank unserer guten Pflege und Ernährung nicht an Gewicht verloren hat.

Am 27. Tag beginnen wir die Welpen Schritt für Schritt an neue Kost zu gewöhnen. Vor dem Säugen am frühen Abend, wenn der Hunger besonders groß ist, setzen wir uns jedes Hundekind einzeln auf den Schoß. Diese Methode festigt zum einen die enge Bindung des Hundes an den Menschen, zum anderen

Benny, vier Wochen alt, zieht an dem Baumwollsöckchen. Er will sein Spielzeug unbedingt behalten und nicht wieder hergeben.

haben wir so eine gute Kontrolle darüber, ob und wie viel ein Welpe frisst. Anfangs lassen wir jedes Hündchen kleine Mengen mageren Rindertatars aus der Hand schlecken. Nur unser Nesthäkchen Maja zeigt sich von der ungewohnten Kost wenig begeistert. Ganz anders dagegen die kräftigen Mädchen Daisy und Suse, denen die ungewohnte Kost prima zu schmecken scheint. Nach drei Tagen können alle Hündchen, auch Maja, schon kleine Tatarbällchen selbstständig aus der Hand fressen. Nun erhöhen wir die Fleisch-Zufütterung auf dreimal täglich.

Heute hat sich Aisha bei der Fütterung ihrer Kinder unbemerkt von hinten angeschlichen und blitzschnell mehrere Fleischbällchen von dem am Boden abgestellten Teller stibitzt. Das darf sie natürlich nicht und bekommt sogleich einen strengen Verweis von mir als „Oberhund". Ab sofort stelle ich den Futterteller in Sichtweite auf einem Stuhl ab. Aisha muss jetzt das Kommando „Platz" befolgen und geduldig abwarten, bis wir alle ihre Kinder fertig gefüttert haben. Verhält sie sich brav, wird die Hündin ausgiebig gelobt und bekommt zwei Tatarbällchen extra. Schnapp, schnapp und schon sind sie in Aishas Schlund verschwunden. Hunde sind eben keine Genießer wie Katzen. Ob Aisha überhaupt mitbekommen hat, welche Leckerei sie da verschlungen hat, weiß ich nicht. Meine kleine Erziehungsübung jedoch hat sie ganz schnell verstanden und sich gut gemerkt.

Die meisten Mutterhündinnen versuchen irgendwann, wenn man nicht aufpasst, ihren Welpen das Futter wegzufressen, selbst dann, wenn sie reichlich gefüttert werden. Deshalb sollte man stets in der Nähe bleiben und gleich klarstellen, wem was gehört.

Am 34. Tag haben wir Schritt für Schritt alle Welpen auf feste Nahrung umgestellt. Mit großem Appetit fressen die Hündchen nun ganz selbstständig gemeinsam aus ihren Schüsseln. Noch säugt Aisha ihre Kleinen zusätzlich. Doch bald wird sie ihnen unmissverständlich klar machen, dass die Milchbar zukünftig geschlossen bleibt.

Benny

WER ANDEREN EINE GRUBE GRÄBT ...

Gegen Ende der fünften Lebenswoche bekommen die Hundekinder ab und zu kleine getrocknete Pansenstücke. Das schmeckt ihnen, ist gesund und gut für die Zähne. Jeder Welpe muss seinen Anteil aus meiner Hand abholen. Meist verschwinden sie dann sofort in einer Ecke, um dort ungestört auf ihrer Beute herumzukauen. Benny lässt als Einziger seinen Pansenstreifen fallen, verfolgt Suse und will ihren klauen. Doch Suse versteckt sich in der Baumhöhle, wo sie aus sicherer Deckung kläffend ihre Beute verteidigt. Als Benny sich schließlich wieder auf seinen Pansenstreifen besinnt, ist dieser verschwunden. Pech gehabt!

Der Welpen-Speiseplan

Mit fünf Wochen sieht der Speiseplan für unsere Hundekinder folgendermaßen aus:

> Um 7.00 Frühstück: Sahnequark, mit etwas warmem Wasser verflüssigt, verquirlt mit 1 Teelöffel Honig und jeden zweiten Tag 1 Eidotter pro Portion dazu.

> Um 12.00 Uhr und 18.00 Uhr: Fein geschabtes mageres Rindermuskelfleisch, gut mit vitaminisierten Welpenflocken (ohne Fleischzusatz) vermischt, 2 Teelöffel kalt gepresstes Distelöl und ein vom Tierarzt empfohlenes Kalkpräparat.

Damit die Flocken aufweichen, sollten Sie die Mischung kurz mit kochendem Wasser übergießen und das Ganze so lange ziehen lassen, bis das Futter nur noch lauwarm ist. So ist die Nahrung für die Kleinen am besten zu verdauen.

> Ab der siebten Woche haben wir den Futterplan etwas abgeändert (→ Seite 71).

> Frisches Trinkwasser, in mehreren Näpfen verteilt, steht natürlich immer für unsere Kleinen bereit.

Alle Hundekinder gedeihen prächtig. Sie hatten weder in der Umstellungsphase, von der Muttermilch zur festen Kost, noch später Verdauungsprobleme.

Hinweis: Wenn die Muttermilch nicht mehr ausreicht und das Zufüttern nötig wird, können Sie den Hundekindern anfangs natürlich auch Welpenbrei oder Welpenmilch anbieten. Dieses Futter gibt es im Handel zu kaufen. Rindertatarbällchen entfallen dann auf dem Speiseplan. Allerdings müssen die Hündchen zuerst lernen, wie man aus einer Schüssel frisst und trinkt, denn nur das Saugen ist eine angeborene Verhaltensweise. Streichen Sie ein wenig Brei auf das Mäulchen des Welpen. Schleckt er den Brei genüsslich ab, darf er nun vom Finger oder Löffel probieren. Die meisten Hundekinder haben bereits nach zwei bis drei Tagen gelernt, wie man aus der Schüssel frisst.

Wichtige Fütterungsregeln

> Die Futterportionen werden dem individuellen Nahrungsbedarf der Kleinen angepasst. Dies bedeutet: Welpen kleiner Rassen brauchen weniger Futter als Hundekinder großer Rassen. Je älter die Welpen werden, desto mehr steigt allerdings ihr Nahrungsbedarf. Als Faustregel können Sie sich merken: Fressen alle Hündchen das Futter zügig auf und liegen nach der Mahlzeit zufrieden in ihrem Auslauf, dann stimmt die Portion.

Auf den Hinterpfötchen stehen, die Vorderpfoten auf das Seil gestützt, und in die Kamera schauen. Das können die Welpen bereits mit vier Wochen. Doch wie man an Suse, rechts im Bild, sieht, wird die Aufmerksamkeit schnell durch etwas Neues abgelenkt.

Die Entwicklung fördern

1

SOZIALISIERUNGSPHASE: In dieser sensiblen Phase, die etwa von der 3. bis 16. Woche dauert, lernt ein Welpe mit unterschiedlichen Menschen, Artgenossen, anderen Tieren sowie Umweltreizen umzugehen. Nur wenn er jetzt positiv geprägt und gefördert wird, kann aus dem Hündchen ein menschenfreundlicher, ausgeglichener sowie lernfreudiger Hund werden.

2

KÖRPERLICHE ENTWICKLUNG: Die Hundekinder können nun schnell rennen und werden von Tag zu Tag in ihren Bewegungen gewandter. Sie brauchen deshalb drinnen und draußen ausreichend Platz zum Spielen und Gelegenheit sich richtig auszutoben.

3

RICHTIGES SPIELZEUG: Es sollte möglichst abwechslungsreich sein, aus gesundheitsunschädlichem Material bestehen und zum Hineinbeißen und Herumtragen geeignet sein. Die Hundekinder befriedigen damit ihren angeborenen Beutetrieb. Auch Intelligenz und körperliche Fähigkeiten werden durch gutes Spielzeug gefördert.

4

SINNESWAHRNEHMUNG: Riech-, Hör- und Sehvermögen sowie Geschmacks- und Tastsinn sind entwickelt. Doch man muss Welpen ein Umfeld schaffen, in dem sie ihre Sinne durch wechselnde neue Reize „trainieren" können.

5

SPIELEN MIT GESCHWISTERN: Durch den täglichen Ungang mit seinen Geschwistern lernt ein Welpe, wie er mit Artgenossen umzugehen hat. Aus diesem Grund sollte man kein Hundekind vor der achten Lebenswoche von seinen Geschwistern trennen und zu sich holen.

6

ERZIEHUNG: Schon früh kann man Welpen durch positive Zuwendung zu einem gewünschten Verhalten motivieren. Zeigt das Hundekind von sich aus „braves" Verhalten, wird es durch ein Lob bestärkt. Dies fördert zudem Vertrauen und Lernfreude.

> Beim Füttern immer in der Nähe bleiben. Kontrollieren Sie, ob alle Hündchen gleichermaßen zu ihrem Recht kommen. Notfalls muss man die Schwächeren und die langsamen Fresser separat füttern und die allzu Gierigen etwas zurückhalten. Werden die Welpen älter und wilder, kann es beim gemeinsamen Fressen durchaus auch einmal zu Auseinandersetzungen kommen. Hier müssen Sie als verantwortlicher „Oberhund" – ebenso wie es Wölfe tun – den allzu gierigen Streithansel streng verweisen (→ Seite 80).
> Welpen brauchen ausreichend Wasser zum Trinken, vor allem, wenn man Trockenfutter reicht. Ein bis zwei Wassernäpfe sollten stets bereitstehen.

Praktische Futternäpfe

Wer acht Hände zur Verfügung hat, dem gelingt es vielleicht, allen hungrigen Mäulern gleichzeitig ihren eigenen Futternapf vor die Nase zu stellen. Ich habe mir aus dem Fachhandel zwei so genannte Welpenringschüsseln besorgt. Nicht ganz billig, aber unverwüstlich und sehr praktisch. Diese Welpenaufzuchtschüsseln bestehen aus massivem Edelstahl. Sie können weder angenagt noch leicht umgestoßen werden. Ein Gummirand am Schüsselboden sorgt dafür, dass die Schüssel nicht verrutscht. Ein Griff macht es möglich, die Futterschüssel bequem zu transportieren. Die Schüssel hat einen Durchmesser von 41 cm und ist innen ringförmig ausgebuchtet, so dass mehrere Welpen gleichzeitig Platz genug haben, gemeinsam im Kreis zu fressen.

Wohin mit den wilden Rackern?

Als die Welpen zwei Wochen alt waren, haben wir sie aus dem Hundekorb in eine große, selbst gebaute Kiste umquartiert (→ Seite 29). Nun, mit drei Wochen, wird auch diese ihrem Bewegungsdrang nicht mehr gerecht. Wir räumen alles aus dem Wohnzimmer, was nicht unbedingt gebraucht wird oder später angenagt

Mit vier Wochen können die Hündchen erstmals Spielsachen im Mäulchen herumtragen. Das weiche Bällchen mit Noppen, das noch dazu beim Reinbeißen quietscht, mag Suse besonders gern.

oder voll gepieselt werden kann: den großen Katzenkratzbaum, den Tibetteppich, eine Anrichte und eine Kommode. Die schweren Bücherregale, das Rattansofa, ein Sessel sowie Fernseh- und Musikschrank bleiben im Raum. Ich hoffe, die Möbel werden es überleben. Auch mein Zimmerbrunnen bleibt. Er enthält keine wertvollen Pflanzen, ist sehr standfest und besitzt in der Mitte eine herrliche kleine Wasserfontäne, wodurch er stets für eine angenehme Luftfeuchtigkeit sorgt. Später, wenn die Welpen das komplette Wohnzimmer zum Herumtoben und Spielen zur Ver-

fügung gestellt bekommen, werden alle Hundekinder mit Begeisterung daraus trinken, genauso gern, wie meine Katzen es tun. Doch noch ist es nicht so weit. Um auch Aisha hin und wieder ihre Ruhe zu gönnen, und die Welpen besser unter Kontrolle zu haben, stellen wir zwei selbst gebaute Welpenausläufe im Wohnzimmer auf. Zwei Ausläufe sind praktisch, denn so kann einer immer in Ruhe gesäubert werden.

Der große Auslauf hat eine Grundfläche von 2,40 x 2,10 m, der kleinere ist 1,40 auf 1,70 m groß. Die Umrandung besteht aus unbehandelten Massivholz-

Hhmm, mal probieren. Quarkspeise schmeckt lecker. Doch Schlecken statt Saugen will gelernt sein. Kara versucht's mit Zunge und Geduld. Die forsche Suse will gleich den ganzen Löffel.

rahmen, die mit einem verzinkten Stahlgitter, Maschengröße 17 x 17 mm, bespannt sind. Bei dieser Konstruktion können die Welpen beobachten, was im Zimmer vorgeht und sind nicht von der Außenwelt isoliert. Das Gitter können Sie übrigens unter dem Begriff „Hasengitter" als Meterware in jedem Baumarkt kaufen. Die einzelnen Teile der Umrandung werden mit Hilfe von Flügelschrauben fest verankert. Wird der Auslauf nicht mehr benötigt, lässt er sich schnell wieder zerlegen. Die Umrandung ist 70 cm hoch und kann nicht von den Hundekindern überwunden werden. Alle scharfen Kanten sowie spitzen Ecken mit Schleifpapier „pfotenfreundlich" abrunden! Ausgelegt wird das Gehege wie auf Seite 32 ausführlich beschrieben. Wir richten in jedem Auslauf eine Kuschelecke mit Decken ein, in der die Welpen gern schlafen. Verschiedene Spielgeräte und Welpenspielzeug sorgen für Abwechslung.

Das richtige Spielzeug

Der Zoofachhandel bietet reichlich gutes, artgerechtes Spielzeug für erwachsene Hunde und ältere Welpen an. Für die ganz Kleinen, ab vier Wochen, gibt es dagegen recht wenig. Die meisten Spielsachen sind viel zu schwer, zu groß und zu hart, so dass die Kleinen es mit ihrem Mäulchen nicht umfassen, reinbeißen und als Beute herumtragen können. Kleine Ringe aus Vollgummi sind anfangs besser zum Tragen geeignet, als Hartgummibälle, zumal die Welpen erst lernen müssen, den Bällen hinterher zu laufen. Weiche Quietschtiere, sofern von guter Qualität, sind besonders beliebt, ebenso kleinere Beißseile.

Kara

GUTE FREUNDE TEILEN

Wochenende. Meine Enkeltochter Jana ist zu Besuch. Ich bereite in der Küche das Abendbrot zu. Jana durfte sich vorab einen Joghurt holen und ihn unten im Wohnzimmer bei den Welpen essen. Nach kurzer Zeit kommt sie wieder hoch: „Oma, kann ich noch einen haben?" Ich wundere mich zwar über ihren Appetit, gebe ihr aber gern noch einen Joghurt. Kurze Zeit darauf, das Gleiche noch einmal. Der Sache muss ich auf den Grund gehen. Und siehe da: Jana hockt im Schneidersitz auf dem Boden, auf ihrem Schoß Klein-Kara, die Jana aus dem Auslauf geholt hat. Die übrigen Welpen schlafen noch. Jana plappert vergnügt vor sich hin: „Ein Löffelchen für Kara, ein Löffelchen für Jana und du, Aisha, darfst dann den Becher auslecken." Gute Freunde teilen eben. Den Vortrag über Hygiene verschiebe ich auf später. Doch noch mehr Joghurt gab es an diesem Abend nicht mehr.

Joker, der kleine Rüde, liebt es, mit der größeren Suse seine Kräfte zu messen. Doch meist entwischt sie ihm. Und Jokers Versuche, bei Suse den „Boss" zu spielen, beantwortet sie mit einem kräftigen Biss. Wie gewandt Suse zur Seite hechtet, um dem am Boden liegenden Joker erneut davonzukommen! Doch zuletzt ist sie es, die auf Joker zuspringt und ihn erneut animiert, mit ihr zu spielen. So trainieren die Welpen untereinander körperliche Gewandtheit, messen ihre Kräfte und lernen, wie „Hund mit Hund" umzugehen hat.

Mit den so genannten Kongs und großen verknoteten Beißseilen können die Hündchen in diesem Alter noch nichts anfangen. Achten Sie beim Kauf darauf, dass keine Teile des Spielzeugs zerkaubar sind oder verschluckt werden können. Tierärzte müssen leider immer wieder in Notoperationen Hundekinder retten, bei denen verschluckte Spielzeugteile zum lebensgefährlichen Darmverschluss geführt haben.

Ich habe meinen Welpen drei kleine, 14 x 7 cm große Säckchen aus reißfestem Plüschstoff genäht. Die Füllung bestand aus alten klein geschnittenen Stoffresten. Diese Spielsäckchen konnten die Hündchen leicht herumtragen und sie gaben beim Reinbeißen ausreichend nach. Die Hundekinder liebten dieses Spielzeug, das alle Zerreißproben und mehrere Waschgänge bis zur Abgabe der Welpen überstand. Man kann den Kleinen auch leere Papprollen vom

Toiletten- oder Küchenpapier anbieten. Anfangs habe ich den Kleinen auch alte Baumwollsocken zusammen geknotet und in den Auslauf gelegt. Die Welpen waren davon begeistert, denn damit konnten sie zu zweit ihre Kräfte messen. Später nahm ich ihnen die Socken aber wieder weg, denn schließlich sollten die Hündchen ja nicht lernen, dass man mit allen Socken spielen darf.

Der größte Renner zum gemeinsamen Spielen waren jedoch jede Art von stabilen Pappkartons, in die ich Löcher zum Hinein- und Hinausschlüpfen schnitt. Mit großer Begeisterung spielten die Kleinen darin Verstecken, Fangen und Nachlaufen. Leider gingen diese Kartons, als die Welpen größer und wilder wurden, zu schnell kaputt. Doch da gab es ja noch den ausgehöhlten Baumstamm, den ich schon des öfteren für Fotoaufnahmen eingesetzt hatte (→ Foto Seite 49).

(→ Foto Seite 49)

Tipp

Zur Gesundheitsvorsorge bei Welpen gehört eine mehrfache Entwurmung. In Absprache mit dem Tierarzt haben wir die Hundekinder im Alter von drei, fünf und sieben Wochen entwurmt.

Die Sozialisierung

Im gemeinsamen Spiel lernen und üben die Welpen wichtige Verhaltensweisen.

Was bedeutet Sozialisierung?

Das Wort Sozialisierung könnte man in etwa folgendermaßen erklären: Es ist die Fähigkeit, sich im Umgang mit anderen Lebewesen und im Umfeld angemessen zu verhalten. Alle Säugetiere, wie auch Menschen, durchlaufen in ihrer Kindheit den wichtigen Sozialisierungsprozess.

Beim Hundekind findet die Sozialisierungsphase ab der 3. bis zur 16. Lebenswoche statt. In dieser Entwicklungsphase ist ein Welpe allem Neuen gegenüber besonders aufgeschlossen und lernbereit. Macht er in seinen ersten 16 Lebenswochen im Umgang mit anderen Hunden, Tieren und Menschen gute Erfahrungen, ist dies prägend und wirkt sich positiv auf sein späteres Verhalten aus. Ein interessantes Umfeld mit wechselnden Reizen, tägliches Spielen sowie Lernübungen fördern zudem seine Intelligenz und auch die körperliche Gewandtheit. Nicht nur die Muskeln brauchen regelmäßiges Training, sondern auch das Gehirn, damit es reifen und sich weiter entwickeln kann.

Wächst ein Welpe dagegen in einer isolierten, eintönigen Zwingerhaltung ohne jegliche Anregung und liebevollen Menschenkontakt auf, hat solch ein Hundekind einen schlechten Start in sein weiteres Leben.

Zumeist fehlt es diesen Hunden am nötigen Selbstvertrauen, um mit späteren Stresssituationen angemessen umzugehen. Sie bleiben häufig ängstlich, handscheu und sind nur schwer zu erziehen. Ihr Verhalten gegenüber Menschen und anderen Hunden ist unberechenbar und endet schlimmstenfalls in aggressiven Übergriffen.

Kommen dann noch weitere negative Einflüsse wie ungünstige Erbanlagen und eine Wesensschwäche der Mutterhündin dazu, ist das Ende vom Lied abzusehen: eine weitere Schlagzeile in den Boulevardblättern von der „bösen Bestie". Häufig wird dann solch ein Hund, in Folge unseres menschlichen Versagens, eingeschläfert.

Im Garten herumtoben ist toll. Doch Verstecken und Fangen in einem ausgehöhlten Baumstamm spielen ist noch viel interessanter. Als Suse aus dem Stamm herauskrabbelt, wird sie von Joker abgepasst und ein lustiges Gerangel beginnt.

Erlebniswelt Garten

Tagelang gießt es wie aus Kübeln. Selbst Hundemutter Aisha trabt unwillig mit gesenktem Kopf und triefendem Fell vor mir her. Straßenhund hin oder her, bei diesem Wetter mag auch Aisha nicht auf die Straße gehen. Kurz im Park das notwendige Geschäft erledigen, dann nichts wie zurück ins trockene gemütliche Zuhause. Doch endlich – nach vier Tagen – lacht die Sonne wieder vom Himmel. Als auch die nassen Wiesen wieder trocken und begehbar sind, können wir mit den Welpen zum ersten Ausflug in den Garten starten. Die Hundekinder sind jetzt gute fünf Wochen alt und ganz begierig darauf, wieder etwas Neues kennen zu lernen. Leider verfüge ich nicht über einen eigenen Garten, so dass wir zehn Minuten mit dem Auto zu einem eigens dafür angemieteten Freizeitgarten fahren müssen. Aber warum nicht? So lernen die Welpen schon in diesem Alter in beruhigender Gegenwart der vertrauten Geschwister die Fahrt im Auto kennen. Dazu kommt als schönes Erlebnis am Ende der kurzen Fahrt das Herumtoben im Garten.

Um 11.00 Uhr, vor der Mittagsmahlzeit, damit sich kein Hündchen während der Fahrt übergeben muss, bereiten wir alles vor. Die Welpen transportieren wir jeweils zu dritt, die größten – Suse und Daisy – zu zweit, in geräumigen Hundeboxen. Sie stehen hinten in meinem Van. Zuvor habe ich ihnen ein vertraut riechendes Deckchen in jede Transportbox gelegt.

Aufregende Eindrücke

Im Garten angekommen, stellen wir die Boxen auf der Wiese ab und öffnen die Türen. Zuerst stürmen die Mutigen hinaus: Joker, Suse, Benny und Daisy. Maja, Bella, Hoppla und Kara zögern kurz, aber dann siegt die Neugierde und sie laufen den Geschwistern hinterher. Welch eine neue Welt tut sich da den Hündchen auf. Ein Abenteuer für ihre Sinne, ein Spielplatz, wo sie herumtoben und so viel entdecken können. Das erste Mal Gras unter den Pfoten spüren. Von ferne bellt ein Hund, eine Amsel singt im Baum. Warmer Sonnenschein, dazu abwechselnd kühler Schatten und ein leichter Wind, der durchs Fell streicht.

Joker

KLEINE EXTRATOUR

Altweibersommer, das Wetter ist warm und trocken. Die Welpen genießen es, im Garten herumzutollen. Ab und zu zählen wir, ob noch alle da sind, 6, 7... und wo ist Nr. 8? Joker fehlt. Er ist doch nicht etwa in Nachbars Garten? Doch, er ist. Der Frechdachs hat im Zaun ein kleines Loch entdeckt. Wir versuchen ihn zurückzulocken. Aber er findet den Durchschlupf nicht mehr. Joker rennt am Zaun auf und ab, die übrigen Welpen auf „unserer" Seite mit ihm. Da hilft nur eines: über den Zaun steigen und ihn holen. Aufgeregt wird Joker von seinen Geschwistern begrüßt.

Und dann diese vielen neuartigen Gerüche, die so aufregend anders sind, als der vertraute Heimatduft. Die Nase auf dem Boden, schnüffeln die Hundekinder eifrig im Garten. Schade, dass mir, als Mensch, diese geheimnisvolle Duftwelt weitgehend verschlossen bleibt. Doch Hunde können nun mal besser riechen als wir Menschen, denn sie besitzen mehr Geruchszellen. Unsere Nase verfügt nur über rund 400 Quadratzentimeter Riechschleimhaut, Hundenasen dagegen über 5800 Quadratzentimeter. Was mag ihnen ihr feines Sinnesorgan wohl alles verraten?

Fast wie ein Kätzchen schlägt Suse mit der Pfote nach der vorgehaltenen Baumwollsocke. Eine Spielaktion, bei der es diesmal nicht um Kräftemessen und Beuteerlangen geht. Vielleicht auch schon ein bisschen müde, genoss sie danach mein „Bauchkrauli" und schlief ein.

Kein Welpe aus Aishas Wurf konnte solche Solonummern vor der Kamera hinlegen wie Suse. Und niemand sonst hatte diesen tollen verdrehten Augenaufschlag, immer dann, wenn ihre wilde Spielphase begann (→ auch Fotos, Seite 70/71 und 87). Hier ist Suse fünf Wochen jung und reagiert auf meine Spielanimationen.

Foto oben: „Wann geht's los?" Freudig gespannt kauert sie im Gras.

Foto Mitte: Spielverbeugung, „Suse-Blick" und zuvor ein aufforderndes Bellen.

Foto unten: Zuletzt tapsiger Pfotenaufschlag, Schwanz waagerecht, wobei sie mich nicht aus den Augen lässt. Ein „Ja, hab dich gleich" von mir und schon wird sie davon flitzen.

Tägliches Herumtoben im Garten macht den kleinen Rackern Spaß und hält sie körperlich fit.

Augen zu. Schließlich sind alle zusammen auf der Decke im Auslauf tief und fest eingeschlafen.

Ob hier im Garten ein Igel lebt, sich Mäuse verstecken oder ein Eichhörnchen herum gesprungen ist? Ich lege mich flach auf den Bauch in die Wiese, stecke meine „unsensible" Menschennase ins Gras und genieße ebenfalls den Duft von frischer Erde und Grün. Herrlich! Das finden auch die Welpen.

Ehe ich weiß, wie mir geschieht, turnt die gesamte Meute auf meinem Rücken rum. Die einen ziehen an meinen Haaren, knabbern an meinem Ohr, die anderen schlecken begeistert mein Gesicht ab. Hiii, das kitzelt. Ich muss kichern, knuddle alle einmal kräftig durch, dann aber reicht's. Zurück in die erhöhte Zweibeinerposition! Die Welpen nehmen es nicht weiter krumm und haben schnell wieder etwas Neues zum Spielen entdeckt.

Der Geräteschuppen mit dem Holzstapel daneben lockt. Kara, verfolgt von Benny, entdeckt den Durchschlupf als Erste. Weg ist sie. Benny natürlich hinterher. Nun beginnt eine wilde Verfolgungsjagd um den Schuppen herum. Die anderen Hundekinder, neugierig geworden, machen mit. Die Welpen verstecken sich unter dem Holzstapel und schlüpfen am anderen Ende wieder heraus, Verfolger werden abgehängt oder aus sicherer Deckung heraus kräftig verbellt. Ich schaue den Welpen eine Zeit lang beim Spielen zu. Doch irgendwann verliere ich den Überblick. Wer jagt hier eigentlich wen? Egal, Hauptsache es macht den Hündchen Spaß. Nach etwa einer Stunde werden die Ersten müde. Ich denke, für heute reicht's.

Zu Hause angekommen, verschlingen die Racker gierig ihr Futter. Minuten später fallen den Ersten die

Den Garten interessant gestalten

In den nächsten Wochen gestalten wir den Garten zu einem kleinen Abenteuerspielplatz für die Welpen:

> Ein kleines Erdloch wurde an einem Tag mit Wasser gefüllt. Hier durfte sich Benny alleine austoben (→ Fotos, Seite 63). Den anderen boten wir die saubere Variante an, in dem wir eine Plastikschale in die Versenkung gaben und sie mit Wasser füllten.

> Wir installierten meinen Zimmerbrunnen mit der Wasserfontäne im Garten (→ Fotos, Seite 66/67).

Im Herbst bauten wir einen kleinen Hindernisparcours mit Baumstämmen auf (→ Foto, Seite 76).

> In einer Ecke des Gartens schichteten wir trockenes Laub auf und gestalteten kleine Hügel aus Sand. Ein tolles Buddelvergnügen, wie man auf den Fotos Seite 86/87 sehen kann.

> Mit der Sicherung des Zauns taten wir uns allerdings schwer. Obwohl wir unserer Meinung nach alle Durchschlüpfe mit Brettern oder Ziegelsteinen verschlossen hatten, erwiesen sich die Welpen als sehr entdeckungsfreudig! Wer einen eigenen Garten hat, sollte seinen Zaun am besten schon Wochen vorher komplett mit Maschendraht absichern.

Hinweis: Viele beklagen sich darüber, dass ihr Garten nach der Welpenaufzucht wie ein Trümmerfeld aussieht: Buddellöcher, ausgerissene Pflanzen, angenagte Büsche ... Dies liegt daran, dass die kleinen Racker sich langweilen und zu lange ohne Aufsicht gelassen werden. Es ist sinnvoll, ihnen von Anfang an interessante Alternativen anzubieten, wo sie dann ihre Bedürfnisse nach Belieben ausleben dürfen.

Kräfte messen – Neues entdecken

Groß sind sie geworden, die Hundekinder. Sie fressen selbstständig und entwickeln immer mehr ihre eigene Persönlichkeit. Im Alter von **6 bis 7 Wochen** kommen die ersten ausgewählten Interessenten zu Besuch. Nun gilt es für jeden liebevoll aufgezogenen Welpen ein gutes Zuhause zu finden. Denn bald heißt es Abschied nehmen.

Meine Welt...

UNSERE HUNDEKINDER ACHTEN mittlerweile bereits von selbst auf eine gewisse Reinlichkeit. So benutzen sie in den Welpenausläufen nur bestimmte Ecken für ihre „Geschäfte" Die Schlafdecken und den Platz, an dem sie fressen, halten die Hundekinder weitgehend sauber. Dennoch sind wir viele Stunden mit der täglich mehrmaligen Reinigung beschäftigt: Häufchen entsorgen, Unterlagen wechseln, „Seen" aufwischen ... Auch im Garten, wo die Kleinen meist am Rand der Wiese in Buschnähe ihr Geschäft erledigen, müssen die Häufchen beseitigt werden. Hygiene ist ein Muss bei der Welpenaufzucht. Zum einen gewährt dies einen gewissen Schutz vor Krankheiten, zum anderen sind Welpen, die aus einem unsauberen Zuhause stammen, später im Allgemeinen schwerer zur Stubenreinheit zu erziehen.

Als wir abends müde, nach einem anstrengendem Arbeitstag, gemütlich oben in der Wohnküche beim Essen sitzen, fragt mich meine russische Freundin: „Sag mal, Monika. Warum heißt es im Deutschen eigentlich: putzmunter und hundemüde? Ist hundemunter und putzmüde nicht logischer?" Wie recht sie doch hat. Mit einem Gläschen Wein stoßen wir beide auf das multikulturelle Sprachverständnis an.

Wichtiger Impfschutz

Es gibt gefährliche, zum Teil tödlich verlaufende Infektionskrankheiten, gegen die jeder Welpe geimpft werden sollte. Zur Grundimmunisierung ist eine zweimalige Mehrfachimpfung im Abstand von etwa vier Wochen erforderlich. Diese Impfungen werden beim erwachsenen Hund einmal jährlich wiederholt. Auf Grund Aishas Vorgeschichte als Straßenhündin aus Rumänien und ihrer damaligen Trächtigkeit besaß sie keinen Mehrfachimpfschutz. So wurde Aisha jetzt mit ihrem Welpen zusammen geimpft, wobei wir auf Anraten meines Tierarztes zwei Schutzimpfungen für die Welpen vorzogen.

> Mit sechs Wochen (nur Welpen): Vorimpfung gegen Staupe und Parvovirose (Puppy SP).

> Mit acht Wochen: Erste Grundimpfung der Welpen gegen Staupe, Hepatitis, Parvovirose, Parainfluenza, Leptospirose. Auch Aisha erhielt diesen fünffachen Impfcocktail, der bei ihr nach vier Wochen dann noch einmal wiederholt wurde. Dazu die Tollwutimpfung.

> Die zweite Grundimpfung der Welpen mit 12 Wochen, diesmal ebenfalls mit Tollwut, fällt dann in die Verantwortung der neuen Halter.

Der Besuch bei meinem Tierarzt verlief völlig unproblematisch. Zum einen waren die Hundekinder das Autofahren schon gewöhnt. Zum anderen ist die Betreuung in der Praxis dieses Tierarztes so liebevoll, dass keines der Hündchen auf dem Behandlungstisch ängstlich reagierte.

Während der wichtigen Voruntersuchung mit Fiebermessen und Abhören durfte jeder Welpe an einer leckeren Vitaminpaste schlecken. Beim Impfen streichelten wir jeden ausgiebig, so dass der Piekser von den Kleinen kaum noch bemerkt wurde. Manche Hundekinder reagieren auf die Impfung mit Müdigkeit. Meine Welpen zeigten jedoch keinerlei Ermüdungserscheinungen und blieben auch nach der Impfung: „hundemunter".

Ganz Ohr! Aisha mit ihrer Tochter Bella, die mit sechseinhalb Wochen das Kommando „Sitz" gelernt hat.

Den richtigen Tierarzt finden

Laut Umfragen gehen die meisten Menschen mit ihrem Tier in die nächstgelegene Praxis. Natürlich ist eine kurze Anfahrt mit dem Auto von großem Vorteil, sollte aber bei der Suche nicht allein ausschlaggebend sein. Fragen Sie andere Hundehalter aus Ihrem Bekanntenkreis oder in der Welpenschule (Hundeverein) nach deren Erfahrungen mit einzelnen Tierärzten. Ob man letztlich mit dem Service und der Qualität zufrieden ist, hängt aber auch stets mit den eigenen Vorstellungen und Ansprüchen zusammen. Hier einige Empfehlungen, die bei der Suche nach einem guten Tierarzt helfen.

> Beratung: Werden Sie vom Praxis-Personal freundlich empfangen und betreut? Nimmt sich der Tierarzt Zeit, Ihre Fragen zur Behandlung zu beantworten? Wird Ihnen, falls erforderlich, die weitere Betreuung Ihres Hundes bei Ihnen zu Hause ausführlich erklärt und gezeigt?

> Zwischenmenschliches: Ein Tierarzt sollte sich Ihnen und dem Tier gegenüber stets um einen freundlichen Ton und Umgang bemühen. Außerdem sollte er in der Lage sein, richtig auf Panik und Angst zu reagieren. Kranke oder verletzte Tiere verhalten sich häufig panisch ängstlich oder aggressiv und viele Tierhalter reagieren in ihrer Sorge um ihren Liebling ebenso. Doch vergessen auch Sie nicht im Gegenzug Ihrem Tierarzt nach einer guten Behandlung für seine Arbeit zu danken. Er freut sich bestimmt, genauso wie die meisten Menschen, über ein Lob.

> Praxis: Behandlungsräume und Warteraum sollten sauber und geräumig sein. Ist besonders der Warteraum extrem klein und voller Patienten, bedeutet dies für Halter und Tier zusätzlichen Stress.

> Organisation: Muss man mit seinem kranken Hund stundenlang in der Praxis warten, obwohl man pünktlich zum vereinbarten Termin erschienen ist, geht das sowohl Hund als auch Halter an die Nerven. Wartezeiten sollten nur dann der Fall sein, wenn Notfälle dazwischen geschoben werden müssen.

> Extraservice: Macht Ihr Tierarzt Hausbesuche, falls diese einmal erforderlich sind? Wie sieht es mit seiner

Kara

DAS KANN ICH AUCH

Was Aisha überhaupt nicht mag, sind Fliegen. Die frechen Biester landen meist dann genau auf ihrer Nase, wenn sie gerade schlafen will. Schnapp, schnapp! Blitzschnell fängt sie die Plagegeister und verschluckt sie mit Todesverachtung. Kara schaut ihrer Mama interessiert dabei zu. Natürlich versucht sie sich ebenfalls als Fliegenfängerin. Doch Kara springt viel zu hektisch dabei herum und erwischt keine einzige. Als sie wieder einer Fliege nachspringt, schnappt Kätzchen Angelina ihr die Beute mit elegantem Salto in der Luft buchstäblich vor der Nase weg! Ja, Übung macht eben doch die Meisterin!

Erreichbarkeit außerhalb der üblichen Sprechstunden aus? Nicht alle Tierärzte bieten einen Notfalldienst an. Besitzt Ihr Tierarzt neben seiner fachlichen Qualifikation auch eigene praktische Erfahrung in der Hundehaltung? Dies kann bei der Behandlung durchaus hilfreich sein.

> Kosten: Häufig wird darüber zu spät gesprochen und dann ist der Frust groß. Sprechen Sie, vor allem bei längeren Behandlungen und aufwändigen Operationen, vorher mit dem Tierarzt über die voraussichtlich anfallenden Kosten.

Mit freudig erhobenen Schwänzchen kommen Kara und Benny zu mir gelaufen. Meine lockende Stimme, sowie ein Lob oder Leckerli als Belohnung sind bei dieser Erziehungsübung die beste Motivation.

Hundemutter Aisha will endlich einmal in aller Ruhe an ihrem Rinderohr nagen. Und wo kann eine gestresste Hundemutter dies besser als oben auf dem Sofa, auf das ihre Kinder noch nicht hinaufspringen können? Mit siebeneinhalb Wochen sind die Welpen recht wild. Aisha muss sie energisch in die Schranken verweisen. Wie man sieht, wollen die Kleinen auch jetzt partout nicht einsehen, dass Aisha ihr Futter nicht teilen will.

Die Interessenten kommen

Die Zeit ist wie im Flug vergangen. Bald heißt es Abschied nehmen, und die Hundekinder in ihr neues Zuhause entlassen. Oft fragen mich Menschen, wie ich das überhaupt über's Herz bringe. Dann antworte ich: „Wenn ich sicher bin, dass die Kleinen es in ihrem neuen Heim gut haben, bin ich glücklich."

Vor allem bei Hundekindern ist es immer wieder lustig, von zwei Gruppen Menschen gefragt zu werden. Die eine hat selbst noch nie Welpen aufgezogen: „Wie kannst du dich nur von diesen süßen Kleinen trennen? Ich könnte das nicht!" Die andere Gruppe, die weiß, was es heißt, Welpen aufzuziehen, sagt: „Jetzt hast du ja bald das Schlimmste überstanden und kannst dich endlich mal wieder richtig erholen. Aber glaub mir, an diese Stille und Leere im Haus wirst du dich erst wieder gewöhnen müssen."

Was sich Hundehalter wünschen

Die Enscheidung für den neuen Hausgenossen ist gefallen. Doch die Erwartungen an den vierbeinigen Familienzuwachs sind häufg sehr unterschiedlich. Zum Verlieben sollte der Kleine sein. Die einen wollten lieber einen Hund mit dunklem Fell, die anderen einen mit hellem. Die Nächsten bevorzugten Kurzhaar, die anderen den Wuschel. Nicht zu groß sollte der Welpe werden, aber auch nicht zu klein. Doch gleich, ob Rasse- oder Mischlingswelpe, folgende Maßstäbe sollten Sie bei der Auswahl eines Welpen unbedingt anlegen:

> Achten Sie darauf, dass der Welpe unter guten Bedingungen aufgezogen wurde. Gesunde Ernährung, Entwurmung, Impfung, tierärztliche Betreuung und verantwortungsvolle Pflege sind für seine Gesundheit und Entwicklung wichtig.

> Ein gut sozialisierter Welpe ist in engem Kontakt mit seinen Menschen aufgewachsen (→ Sozialisierung, Seite 48). Haben Sie selbst Kinder, sollte auch

Test:

Welcher Welpe passt zu mir?

Ja   Nein

○   ○   1. Sind die Hündchen bei der Abgabe zwischen acht und 10 Wochen alt?

○   ○   2. Alle Hundekinder sind entwurmt, geimpft und tierärztlich durchgecheckt?

○   ○   3. Haben Sie sich für einen Welpen entschieden, der weder besonders ängstlich noch extrem rauflustig ist?

○   ○   4. Durften Sie die Mutterhündin samt Wurf anschauen und hat eine ausführliche Beratung stattgefunden?

○   ○   5. Fällt Ihre Wahl auf eine bestimmte Rasse, haben Sie geprüft, ob die Ansprüche dieser Rasse mit Ihren Vorstellungen harmonieren?

○   ○   6. Haben Sie darauf geachtet, dass der Welpe in engem Kontakt zu Menschen aufgewachsen ist und keinesfalls aus einer isolierten Zwingerhaltung stammt?

Können Sie alle Fragen mit einem klaren „Ja" beantworten, haben Sie eine gute Wahl getroffen. Wenn nicht, bedenken Sie Ihre Entscheidung noch einmal.

Nehmen Sie sich Zeit für die Vermittlung eines Welpen, damit er ein gutes Zuhause findet.

der Welpe am besten bereits zusammen mit Kindern aufgewachsen sein.

> Entscheiden Sie sich für ein selbstbewusstes munteres Hundekind, das nicht aus einer isolierten Zwingerhaltung stammt. Welpen, die früh gefördert werden und Gelegenheit haben ausreichend zu spielen sowie Neues zu entdecken, sind auch später lernfreudiger und aufgeschlossener.

> Halten Sie noch andere Haustiere, zum Beispiel eine Katze, ist es von Vorteil, wenn der Welpe bereits den Umgang mit diesen Tieren gelernt hat.

An wen ich Welpen abgebe

Den Betrag, den ich bei der Abgabe meiner Tierkinder von den neuen Haltern verlange, spende ich seit langem Tierschutzorganisationen. Dafür erwarte ich, dass die künfigen Besitzer ihren Tieren ein gutes Zuhause bieten und auch hin und wieder meine Kontrollen in Kauf nehmen. Alle zukünftigen Halter müssen einen Abgabevertrag unterschreiben, der von einem Anwalt geprüft wurde und dem Schutz des Tieres dient. Ich versuche mit meinen Haltern in Kontakt zu bleiben und ihnen auch später mit Rat und Tat zur Seite zu stehen. Wer an seinen Kleinen hängt, so wie ich, freut sich über Fotos, Zuschriften und Anrufe, aus denen hervorgeht, dass die Mensch-Tier-Beziehung harmonisch verläuft. Hier die wichtigsten Fragen, die Sie Ihren Welpeninteressenten stellen, und worauf Sie beim ersten Besuch achten sollten.

> Wie viel Zeit haben Sie? In den ersten Wochen der Eingewöhnung ist Urlaub zu Hause angesagt mit viel Zeit für das Hundekind. Auch später sollte ein Hund nicht länger als höchstens drei bis vier Stunden am Tag allein sein.

> Planen Sie den Besuch einer Welpenschule? Heutzutage ein Muss, damit der Welpe in seiner wichtigen Sozialisierungsphase weiter gefördert wird.

> Haben Sie Kinder? Es ist wichtig, Kindern den richtigen Umgang mit dem Welpen und seinen arttypischen Verhaltensweisen zu erklären. Ohne Anleitung kann auch aus dem kinderfreundlichsten Welpen schnell ein verschrecktes Hündchen werden.

> Wie ist das Zuhause beschaffen? Die nötige Ausstattung schon besorgt? Wenn die Halter nicht Eigentümer, sondern Mieter sind, haben sie sich die Genehmigung zur Hundehaltung vom Hausbesitzer vorher schriftlich geben lassen? Wenn kein eigener Garten zur Verfügung steht, befinden sich zumindest Park und Wiesen in der Nähe für den täglichen Auslauf?

Hinweis: Auch Anfänger in der Hundehaltung, die sich informieren und gern beraten lassen, können gute Hundehalter werden. Finger weg jedoch von denen, die keinerlei Auskünfte geben wollen, alles schon ganz genau und natürlich stets besser wissen. Forscht man näher nach, haben diese „Experten" häufig schon zwei bis drei Hunde verschlissen und schließlich im Tierheim abgegeben, weil der Hund – und nur der Hund – eben der verkehrte war!

Bitte eintreten und vorstellen

Genauso wie bei uns Menschen gewisse Benimmregeln gelten, sollte man auch einem Hund mit Respekt begegnen. Dies gilt vor allem dann, wenn man eine Hundemutter mit ihren Jungen besucht.

Unter unserer Obhut dürfen die Hundekinder viel Neues entdecken und ausprobieren. Dies macht nicht nur Spaß, sondern gibt den Welpen auch Gelegenheit, eigene Erfahrungen zu sammeln.

Bild oben: Benny, sechs Wochen alt, nähert sich der von uns angelegten Schlammpfütze auf der Wiese. Was das wohl ist?

Bild Mitte: Einmal durchlaufen ... „Ahh"– nass und weich. Was kann Hündchen noch damit anstellen?

Bild unten: Wie man sieht, eine ganze Menge. Das Wetter ist warm, da macht ein Moorbad durchaus Spaß. Buddeln, sich in der Brühe wälzen, ein neues Erlebnis für Benny. „Und wehe, jemand sagt jetzt Dreckspatz zu mir!"

Da stürmt man nicht einfach lauthals in die gute Stube, grabscht sich einen Welpen nach dem anderen und schreit: „Den will ich." Was würden Sie, als Mutter oder Vater, sagen, wenn ein Besucher sich so über Ihr süßes Baby hermacht? Deshalb spreche ich mit allen Welpeninteressenten zunächst ausführlich am Telefon. Dann lade ich die Menschen, die als zukünftige Halter für die Hundekinder in Frage kommen, zu mir nach Hause ein.

Meine Besucher empfange ich im Flur. Nach der Begrüßung drücke ich jedem von ihnen ein Leckerli in die Hand und führe sie ins Wohnzimmer. Hier halten sich Hundemutter Aisha und ihre Welpen auf. Kinder nehme ich an die Hand und erkläre ihnen, dass sie sich anfangs möglichst ruhig verhalten müssen. Um nicht so bedrohlich zu wirken, gehen wir gemeinsam in die Hocke, und ich rufe Aisha herbei. Sie darf dann in aller Ruhe die Besucher beschnüffeln und als Begrüßung von jedem ein Leckerli entgegen nehmen. Dann erst erlaube ich den Besuchern, Aisha zu streicheln und zu den Welpen zu gehen.

„Hoppla, jetzt komm ich!" Mit einem Satz springt Benny dem Ball hinterher. Dieses Spiel befriedigt seinen Beutetrieb vor allem deshalb, weil wir den Ball von ihm weggerollt haben. In diesem Alter sind die Welpen jedoch noch nicht in der Lage, einen weit entfernt geworfenen Ball genau zu verfolgen.

Die Kinder können sich auf den Boden setzen und werden natürlich ganz nach Welpenart stürmisch begrüßt. Ich bleibe währenddessen stets in der Nähe, achte darauf, dass die Hündchen richtig hochgenommen werden, unterhalte mich mit den Besuchern und versuche meinerseits ihre Fragen zu beantworten. Je entspannter die Atmosphäre ist, desto besser der Kontakt von Mensch zu Mensch und von Mensch zu Hund. Wer sich wen ausgesucht hat und wie die Welpen in dem neuen Zuhause richtig eingewöhnt werden – dazu mehr im nächsten Kapitel.

Abenteuerausflug in die Natur

Als die Hundekinder gut sechs Wochen alt sind, gehen wir das erste Mal mit ihnen spazieren. Natürlich nicht mit der ganzen Meute auf einmal. Acht quirlige Welpen auf freiem Gelände unter Kontrolle zu halten, ist etwas völlig anderes, als sie im gesicherten Garten oder im Haus laufen zu lassen. Trotzdem wollen wir den Kleinen die Gelegenheit bieten, neue Eindrücke zu sammeln.

Das erste Mal darf Hundemutter Aisha mit, sowie drei ihrer Kinder: die temperamentvolle Suse, der vorwitzige Benny und die brave Bella. Die anderen sind das nächste Mal dran. Ein bisschen mulmig ist mir schon, als wir aufbrechen, denn der Spaziergang ist ein Risiko. Die Kleinen haben noch keinen ausreichenden Impfschutz. Und wie Aisha reagieren wird, wenn andere Hunde ihren Welpen zu nahe kommen, ist bei einer Hundemutter nicht immer voraussehbar. Ich wähle deshalb für den ersten Ausflug etwas abgelegene Feldwege und meide die mir bekannten beliebten „Gassirouten". Die Begegnung mit fremden Artgenossen ist für die soziale Entwicklung jedes Hundekindes wichtig. Doch hierfür werde ich anfangs

Kara ist eine kleine verspielte „Wasserratte".
Mit der Zunge versucht sie die glitzernden Tropfen der
Wasserfontäne aufzufangen. Benny kommt dazu und will
„Tropfenfangen" auch mal ausprobieren. Kara löscht
inzwischen ihren Durst aus dem Brunnen. Die Hundekinder haben Spaß an diesem nassen Spiel. Unsere beiden
anderen „Stars", Joker und Suse, hingegen waren dafür
nicht zu begeistern.

solche Hunde aussuchen, die mir als gut sozialisiert
bekannt sind. Denn die Kleinen sollen ja positive
Erfahrungen mit ihren Artgenossen machen und
nicht gleich zu Beginn durch einen groben „Rüpel"
verschreckt werden.

Lars, mein Praktikant, begleitet mich. Aisha darf
ohne Leine laufen. Die Beziehung zwischen der Hündin und mir hat sich in den vergangenen zehn
Wochen so gefestigt, dass ich ihr vertrauen kann.
Schritt für Schritt, mit Lob, Belohnung und Geduld,
habe ich der ehemaligen Straßenhündin beigebracht,
auf meinen Zuruf freudig zu mir zu kommen. Nur im
Straßenverkehr geht Aisha weiterhin an der Leine. Ich
finde es unverantwortlich und leichtsinnig mit seinem Hund, auch wenn er gut erzogen ist, im Straßenverkehr ohne Leine spazieren zu gehen. Dafür kenne
ich zu viele tragische Unglücksfälle, die letztlich der

Hund mit seinem Leben bezahlen musste. Brav folgen die drei Kleinen uns und ihrer Mama, wobei sie immer wieder ihre Nähe suchen. Alles ist so neu und aufregend. Da tut es gut, wenn man zwischendurch ein bisschen an Mamas Zitzen saugen darf oder beruhigend von ihr beknabbert wird (→ Foto Seite 72). Alles was die Hündin beriecht und untersucht, wollen die Kleinen ebenfalls neugierig erkunden. Sie ahmen nach, was ihre Mutter ihnen vormacht. Benny und Suse, zu Hause und im Garten eher vorwitzig, sind jetzt äußerst anhänglich. Bella, sonst eher zurückhaltend, zeigt dagegen ungewohnte Abenteuerlust und will alles als Erste entdecken.

Plötzlich springt Aisha, mit einem Riesensatz, blitzschnell in die Wiese am Wegrand. Sie schnappt sich etwas und schon – ich sehe nur noch ein Schwänzchen aus dem Maul hängen – ist es verschlungen.

Tipp

Einen guter Züchter erkennen Sie auch daran, dass er seinen zukünftigen Welpenhaltern viele Fragen stellt und seinerseits Fragen bereitwillig beantwortet. Dieser Informationsaustausch ist wichtig für die Beziehung Mensch-Hund.

Eine Maus! Aisha buddelt und gräbt, dass den verdutzten Welpen Erde und Grasbüschel nur so um die
Ohren fliegen. Ohh! Da machen wir mit! Und schon
stecken vier Hundenasen in Erdlöchern und buddeln
wie die Weltmeister.

Ich lasse den Kleinen den Spaß und hoffe, dass ich
damit nicht den Grundstein für spätere Jagdleiden-
schaft gelegt habe. Als zwei vorwitzige Wildkaninchen
vor unserer Nase über den Weg hoppeln, beachtet Aisha sie kaum. Die Hundekinder schauen zwar neugierig, aber sie versuchen nicht, die Tiere zu verfolgen.

Vielleicht fließt in Aishas Adern und denen ihrer Kinder doch mehr das Blut von Hüte- und nicht das von
Jagdhunden. Dass Aisha Mäuse fängt, nehme ich
nicht so ernst. Mäusefangen war für sie als Straßenhund in Rumänien ein lebensnotwendiges „Zubrot"
zu den kargen Essensresten, die sie vielleicht irgendwo
in einer Mülltonne fand.

Nach einer Dreiviertelstunde packen wir die Hundefamilie ins Auto und fahren nach Hause zurück.
Die Kleinen sind müde geworden und überanstren-
gen wollen wir die Hundekinder nicht.

Ein tolles Spiel: An einem Ende zieht der Mensch, am anderen die Hundekinder. Dabei wollen Suse und Joker auch untereinander ihre Kräfte messen. Wer da wohl Sieger wird?

Mütterliche Fürsorge

„Kommen Sie, ganz schnell, Aisha ist krank." Meine Haushaltshilfe ist völlig aufgelöst und während ich ihr ins Welpenzimmer folge, erzählt sie mir, was sich ereignet hat. „Gestern Mittag ist es schon einmal passiert, aber weil Aisha sonst bester Dinge war, hab ich mir weiter keine Sorgen gemacht. Doch heute ist sie wieder zu ihren Welpen in den Auslauf gesprungen und dann ..." Sie untermalt das darauf folgende Geschehnis, indem sie ihr Gesicht zu einer Grimasse verzieht und den Rest der Worte hervorstammelt: „Das ganze gute Futter hat die arme Aisha ausgespuckt. Schauen Sie selbst." Ich bin nicht weiter besorgt, denn ich weiß, dass Aisha bei bester Gesundheit ist.

Als ich ins Wohnzimmer komme, liegt die Hündin schwanzwedelnd auf dem Sofa und alle acht Welpen haben sich versammelt, um begeistert das hervorgewürgte mütterliche Mahl zu fressen. Meine Haushaltshilfe, selbst mit Hund und Katzen aufgewachsen, war jedoch mit dieser Verhaltensweise einer Hundemutter nicht vertraut. Es kostet mich einige Überzeugungsarbeit, sie dahin gehend zu beruhigen, dass Aisha sich keineswegs den Magen verdorben hat. Und sie davon abzuhalten, den unappetitlich ausschauende Breihaufen auf dem Boden auch zukünftig nicht sogleich aufzuwischen, war geradezu Schwerstarbeit.

Wenn die mütterliche Milchquelle langsam aber stetig versiegt, müssen die Welpen entwöhnt werden. Sie werden dabei Schritt für Schritt auf feste Nahrung umgestellt. Bei Wölfen wird das Muttertier hierbei von erwachsenen Mitgliedern des Rudels unterstützt. Im Rudelverbund mit uns Menschen übernehmen

Suse

BLITZ UND DONNER

Wir fotografieren Suse beim Spielen im Studio, als draußen ein typisches Sommergewitter losgeht. Blitze zucken am Himmel und das dumpfe Donnergrollen ist auch im Studio noch deutlich zu hören. Ich kenne viele Hunde, die sich vor Gewitter fürchten. Ohne meine Arbeit zu unterbrechen, beobachte ich interessiert Suses Reaktion auf dies „Donnerwetter". Eigentlich ist sie ja schon an Blitze, wenn auch in anderer Form, gewöhnt, ebenso an einen gewissen Lärmpegel, den nun mal so ein großer Haushalt wie meiner mit sich bringt. Als jedoch plötzlich ein Blitz ganz in der Nähe krachend einschlägt, zucke selbst ich hinter der Kamera kurz zusammen. Lars, mein Praktikant, spielt jedoch so begeistert mit Suse weiter, dass sie das Gewitter draußen gar nicht weiter beachtet. Ich glaube, Suse wird auch später als erwachsener Hund Blitz und Donner als nichts Furchterregendes empfinden.

Fotos von links nach rechts:

Mit sieben Wochen hält die wilde Suse nichts mehr von niedlichen Fotos mit dem Motiv „Braves Hündchen sitzt im Korb".
Samt Korb umkippen und in den Henkel beißen, findet Suse viel lustiger!
Eine Rolle seitwärts und Korb wegtreten.
Wer hat mich da wieder reingesetzt? Schnell abhauen!
Ohh, ein Leckerli, im Korb versteckt. Das zu suchen ist natürlich sehr interessant.

wir bei unseren Haushunden diese Aufgabe, indem wir helfen, die Welpen durch entsprechende Fütterung umzustellen. Doch auch die Hündin folgt ihrem Instinkt und entwöhnt ihren Nachwuchs. Zum einen lässt sie das Saugen immer weniger zu, bietet ihnen aber gleichzeitig einen Teil ihrer vorverdauten Nahrung an. Betteln die Kleinen ihre Mutter um Futter an, indem sie ihr Maul belecken und mit der Schnauze anstoßen, wird auf Grund dieses so genannten Mundwinkelstoßes ein Reflex ausgelöst.

Die Hündin würgt einen Teil ihrer anverdauten Nahrung hervor, den die Welpen dann zumeist begierig fressen. Das Futtervorwürgen ist für Hunde vollkommen normal. Auch bei anderen erwachsenen Hunden können Welpen durch die Mundwinkelstöße diesen Reflex des Futtervorwürgens auslösen, quasi als soziale Geste.

Aisha hat dieses Verhalten gegenüber ihren Kindern noch zwei-, dreimal gezeigt und dann nicht mehr. Übrigens würgen nicht alle Hundemütter ihren Welpen Futter hervor.

Veränderter Speiseplan

Mit zunehmender Entwöhnung und körperlichem Wachstum, steigt der Nährstoffbedarf der Welpen an. Da die Hündin kaum noch säugt, werden ihre Futterportionen entsprechend reduziert.

Mit sieben Wochen füttern wir die Hundekinder vier-, statt wie bisher dreimal täglich. Um sie auf die Kost in ihrem neuen Zuhause vorzubereiten, bekommen sie nun zwei der gewohnten Frischkostmahlzeiten, separat dazu zweimal täglich Trockenfutter. Das bisherige Quarkfrühstück entfällt komplett, sowohl für Aisha als auch für ihre Kinder.

Tipp

Interessante, abwechslungsreiche Spielangebote fördern die Intelligenz und körperlichen Fähigkeiten eines Hundekindes. Im Spiel lernt der Welpe darüber hinaus wichtige Verhaltensweisen.

Wenn Sie Trockenfutter kaufen, achten Sie dabei vor allem auf Folgendes:

> Das Trockenfutter muss als spezielle Welpenkost für diesen Altersabschnitt ausgewiesen sein. Manche Hersteller bieten Welpenkost an, die darüber hinaus genau auf die Bedürfnisse der Rasse sowie späteren Gewichtsklasse abgestimmt ist.

> Bevorzugen Sie Futter ohne künstliche Konservierungsstoffe.

> Um die Umstellung und Aufnahmebereitschaft zu erleichtern, kann man anfangs die sehr trockenen Bröckchen zuvor mit warmem Wasser übergießen und halbfeucht reichen.

> Ausreichend Trinkwasser ist bei der Fütterung mit Trockenfutter besonders wichtig.

Gesunde Knabberkost

Knabberkost sollte das Kaubedürfnis der Welpen befriedigen, gut schmecken und gesund sein. Ich habe weder Aisha noch meinen Hundekindern jemals Knochen angeboten. Mir war die Gefahr von absplitternden Knochenteilen zu groß.

Das erste Mal mit Mutter draußen unterwegs. Das ist für alle neu und aufregend. Aisha beknabbert den sechs Wochen alten Benny am Rücken. Diese mütterliche Fürsorge wirkt beruhigend auf das Hundekind.

Meine Hundekinder bekamen ab der sechsten Woche kleine Stücke von getrockneten Pansenstreifen, die es in jedem Fachgeschäft für Hundebedarf gibt. Rümpfen Sie nicht die Nase, weil's stinkt! Immerhin schmeicheln unsere menschlichen Gerüche der Hundenase auch nicht immer! Die Hündchen aber liebten die „düftelnden" Pansenstreifen.

Wenn wir die Welpen besonders motivieren oder belohnen wollen, gibt's etwas ganz Leckeres: kleine Stückchen (daumenbreit) eines Wiener Würstchens. Darauf steht nicht nur Hündchen, sondern auch Hund. Für Hunde bedeutet Wiener Würstchen wohl das Gleiche wie für uns ein Stück Schokolade. Aber bitte alle Snacks nur sparsam füttern!

Eine turbulente Familie

Aishas Kinder werden von Woche zu Woche ungestümer. Lebensenergie und Tatendrang scheinen grenzenlos. Wenn sie uns begrüßen, dann tun sie dies mit überschwänglicher Freude. Müdigkeit oder schlechte Stimmung scheinen sie nicht zu kennen. Ihre gute Laune ist einfach ansteckend, aber in achtfacher Konzentration auch ganz schön anstrengend.

Manchmal komme ich mir vor wie auf einer Party von ausgelassenen Teenagern. Leider bin ich nicht mehr 15 Jahre jung und kann wild mitfeiern. Ich stecke jetzt in der Rolle der verantwortlichen Erwachsenen. Und Erwachsene müssen bekanntlich Verantwortung übernehmen, erziehen und arbeiten. Doch die muntere Hundefamilie macht mir auch viel Spaß. Langeweile kommt mit der Rasselbande garantiert nicht auf.

Joker

NASS ERWISCHT!

Es gießt mal wieder wie aus Kübeln. Heute mit den Welpen rauszugehen ist unmöglich. Also dürfen sie im gesamten Wohnzimmer und Flur herumtoben. Jeder rauft mit jedem, ein wildes Gebeiße und lautstarkes Gebell. Joker, unser kleiner Rüde, will bei Suse aufreiten und Boss spielen. Die ist aber gerade gut in Fahrt und wirft sich blitzschnell herum. Joker fällt im hohen Bogen herunter und gegen den Putzeimer. Der Eimer kippt um, das Wasser schwappt über Joker und gleichzeitig knallt auch der Wischmopp auf den Boden. Alle Welpen schrecken auf. Wir rubbeln Joker mit einem Handtuch trocken. Inzwischen haben sich alle Hundekinder schon wieder von ihrem Schrecken erholt. Und während wir den Boden aufwischen, wird der „böse" Mopp gemeinschaftlich kräftig verbellt und man versucht hinein zu beißen. „Passt bloß auf, ihr Racker! Sonst geht's ab nach draußen in den Regen!"

Hundemutter Aisha erzieht ihre Kinder und lehrt sie so wichtige Verhaltensweisen.

Aisha erzieht ihre Kinder

Wenn wir nicht im Studio arbeiten oder mit den Hunden draußen unterwegs sind, spiele ich gern „stiller Beobachter". Ich genieße es, einmal nichts tun zu müssen, außer auf dem Sofa zu liegen und dem munteren Treiben der Hundefamilie zuzuschauen.

Das Sofa ist ein erhöhter Ruheplatz, auf den die Welpen noch nicht hinaufspringen können. Das ist toll, findet auch Aisha. Wird der Hündin das wilde Spiel mit ihren Kindern zu viel, flüchtet sie ebenfalls aufs Sofa (→ Foto, Seite 60). Ich habe ihr dies von Anfang an erlaubt, bestehe aber darauf, dass sie den Platz räumt, wenn ich ihn für mich allein beanspruchen will. Als „Rudelchef" steht mir dieses Vorrecht zu und Aisha hat es immer anstandslos respektiert.

Doch heute springt Aisha zu mir aufs Sofa und scheint keine Lust zu haben mit ihren wilden Rackern unten auf dem Boden herumzutoben. Nix da! Runter! Gekuschelt wird später. Wir haben uns den ganzen Tag mit den Welpen beschäftigt. Aisha hatte genug Freizeit. Jetzt bin ich der Meinung, sie sollte sich ihren Welpen widmen. In solchen Dingen bin ich stur. Mutterpflichten sind eben Mutterpflichten.

Mit einem energischen Stupser schiebe ich sie vom Sofa hinunter. Sofort wird sie von den Welpen umringt. Es ist interessant zu beobachten, wie unterschiedlich die acht Hundekinder sich dabei verhalten. Die stürmische temperamentvolle Suse springt ihre Mutter sogleich mit beiden Vorderpfoten seitlich an. Frechdachs Benny beißt ihr respektlos ins Ohr.

Maja, immer in Bewegung, springt auch jetzt im Eiltempo um Aisha herum. Bella, unsere Vorsichtige, versucht's mit unterwürfigem Anschmeicheln. Sie schmiegt sich mit angelegten Ohren, halb schon auf dem Rücken liegend, an Mamas Brust hoch. Und wie sie dabei zu Aisha hochschaut, ist bühnenreif.

Kara, ebenfalls freundlich respektvoll, aber nicht ganz so unterwürfig, bepfotet Mama und leckt an ihren Lefzen. Daisy und Hoppla spielen noch immer unter dem Hocker miteinander Fangen und Verstecken. Sie sind so in ihr Spiel vertieft, dass sie Aishas Kommen noch gar nicht registriert haben.

Joker, ein ganz gewitztes Kerlchen, nutzt Mutters momentane Ablenkung für ein schnelles Extraschlückchen Milch. Kaum bekommen seine Wurfgeschwister dies mit, versuchen sie, ebenfalls zu saugen. Aisha knurrt scharf und will gehen. Ein klarer Verweis, der respektiert gehört. Aber Suse bedrängt Aisha weiterhin, worauf sich diese blitzschnell umdreht und ihre ungezogene Tochter am Nacken packt. Suse will sich jedoch auch jetzt noch nicht respektvoll unterwerfen. Sie blafft ihre Mutter an. Da erhöht Aisha den Druck, ein Winseln ertönt, Suse legt sich auf den Rücken, Pfoten eingeknickt, Schwanz ebenfalls. Aisha kann loslassen. Suse schleicht etwas bedröppelt davon. Halb so schlimm, denn Suse hat diese mütterliche Erziehungsmaßnahme gebraucht.

Auch Hundekinder müssen lernen, sich gegenüber erwachsenen ranghöheren Artgenossen respektvoll zu verhalten. Und die Frecheren testen dabei ihre Grenzen schon mal eher aus, als die Vorsichtigeren (→ Fotos, Seite 75) Dies ist bei Menschenkindern nicht viel anders. Aber Aisha ist nie nachtragend und schon bald spielt sie wieder mit ihren Kindern.

So erzieht eine Hundemutter ihre Welpen und lehrt sie wichtige hündische Umgangsregeln:

Bild oben: Benny zieht immer wieder an Mamas Ohr, wobei er diesmal sein Gleichgewicht verliert und zur Seite rollt. Noch zeigt sie Geduld.

Bild Mitte: Als Benny jedoch auch noch an Mamas Pfote herumbeißt, greift sie mit ihrem Fang über seine Schnauze und drückt ihn hinunter. Dies bedeutet in der Hundesprache: „Schluss jetzt!"

Bild unten: Da Benny sich nicht unterwerfen will, fasst Aisha noch einmal nach, wobei sie diesmal den Druck etwas erhöht. Benny quiekt kurz, gibt danach aber Ruhe. Joker, ganz raffiniert, hat inzwischen die Situation genutzt, um ganz schnell noch einen Schluck aus Mamas Zitze zu trinken.

Abschied und Neubeginn

Die Zeit ist wie im Flug vergangen. Aus den Hündchen sind richtige kleine Junghunde geworden. Im Alter zwischen **8 und 10 Wochen** sind sie nun selbstständig genug, um nach und nach aus dem Haus zu gehen. Doch zuvor genieße ich noch die mir verbleibende Zeit mit meinen Hundekindern.

Die letzten Tage ...

DIE WILDEN RACKER sind mit acht Wochen kaum noch zu bändigen. Es wird Zeit, dass sie in ihr neues Zuhause ziehen. Doch ich möchte die Kleinen nicht alle gleichzeitig aus dem Haus geben, damit die Umstellung für Hundemutter Aisha nicht zu abrupt erfolgt. Und ich habe noch so viele Ideen für hübsche Fotomotive ... Wo ist bloß die Zeit geblieben? Die vergangen Wochen sind dahingerast. Gerade noch kamen mir die Welpen auf wackeligen Beinchen entgegengetapst und nun rennen sie mich bei der Begrüßung fast über den Haufen. Und groß sind die Welpen geworden. Keine „moppeligen" Babys mehr, sondern kleine Junghunde, die vor Tatendrang und Lebensenergie sprühen. Draußen, in der Natur, hat sich der milde Altweibersommer verabschiedet und dem Herbst Platz gemacht. Ganz unerwartet werden wir in den nächsten vierzehn Tagen von einem frühen Wintereinbruch überrascht. Im Nachhinein bin ich dankbar dafür, denn so konnte ich schließlich noch ein kleines Schneeabenteuer mit einigen Welpen erleben.

Grenzen setzen

Noch vor einigen Jahren galt die „antiautoritäre Erziehung" für Kinder als besonders fortschrittlich. Inzwischen ist diese Erziehungsform sehr umstritten. Bei Hundekindern sollte man erst gar nicht versuchen, sie anzuwenden. Hunde sind Rudeltiere. Sie brauchen eine liebevolle, aber konsequente Erziehung. Bereits einem Welpen sollten Sie von Anfang an klar machen,

Bella, Suse und Benny, achteinhalb Wochen alt, vergnügen sich ausgiebig beim gemeinsamen: „Wer-knabbert-an-wem"-Welpenspiel.

8.–10. Woche

dass Sie der Rudelchef sind. Auch Welpen dürfen nicht verhätschelt werden, nur weil sie so klein und niedlich sind. Denn was Hündchen nicht lernt, lernt der erwachsene Hund nur noch mühsam. Einfacher gesagt, als getan, wenn uns der Kleine mit seinem „Hab-mich-lieb-Blick" anschaut und wir versucht sind, mal wieder alle guten Vorsätze über den Haufen zu werfen. Doch Konsequenz bei der Erziehung vermittelt dem Hund das gute sichere Gefühl, welches er als Rudeltier unbedingt benötigt.

Schläge, Anbrüllen oder den Hund am Nacken packen, hochziehen und dann kräftig durchschütteln sind als Erziehungsmaßnahmen allerdings tabu! Dies würde das Vertrauen des Hundes zu uns zerstören und ihn zutiefst verunsichern. Dennoch gibt es manchmal Situationen, in denen es notwendig wird, Grenzen zu setzen. Bei meinen Hundekindern kam es, während sie bei mir heranwuchsen, zweimal dazu.

Benny will es wissen ...

Er war von Anfang an ein sehr aufgewecktes, kluges Kerlchen. Als Erster von allen acht Welpen öffnete er die Augen, begann zu laufen und war allem Neuen gegenüber besonders aufgeschlossen. Was wir ihm einmal gezeigt hatten, begriff er außerordentlich schnell. Bis zu seiner sechsten Lebenswoche fiel Benny nie durch dominantes, besonders rauflustiges oder aggressives Verhalten auf. Dann allerdings beobachtete ich, wie er anfing, sich gegenüber seiner Mutter Aisha frecher und respektloser als seine Geschwister zu verhalten. Nur Suse hatte ebenfalls solch eine kurze Phase, wobei hier jedoch wahrscheinlich mehr ihr Temperament mit ihr durchging.

Erziehung ist wichtig, aber nur dann erfolgreich, wenn sie artgerecht ist.

Aisha musste beide ein-, zweimal energisch in die Schranken verweisen. Dann hatten sie gelernt, wie man sich als Welpe gegenüber der Mutter zu verhalten hat (→ Fotos, Seite 75). Doch Frechdachs Benny testete seine Grenzen auch einmal bei mir aus. Da war er etwa knapp acht Wochen alt.

Ich beugte mich über das Gatter des großen Welpenauslaufs, um ein Spielzeug herauszunehmen, das ich waschen wollte. Und in dem Getümmel der Welpen geschah es. Blitzschnell mit deutlicher Drohgebärde stieß Benny eine kurze Abfolge heller Belllaute aus, die ich als wütendes „Gegeifer" beschreiben würde und schnappte in meine Hand. Ich spürte nicht nur einen höllischen Schmerz, sondern auch seine ganze Wut dahinter. In der nächsten Sekunde fasste ich Benny mit der anderen Hand über seine Schnauze und drückte ihn nach unten. Zugleich ertönte mein scharfes Kommando: „Aus!" Normalerweise hätte diese Erziehungsmaßnahme völlig ausgereicht. Doch Benny versuchte sich mit aller Gewalt aus meinem Griff zu befreien und erneut in meine Hand zu beißen. Da packte ich ihn am Nacken, drehte ihn auf den Rücken und legte meine Hand auf seine Brust. Ich gab meine ganze Autorität und Energie, die ich in solchen Fällen besitze, in meine Körperhaltung sowie in meine Stimme: „Aus! Nein!" Mein Tonfall war bestimmend und ich ließ nicht locker. Benny versuchte noch einmal, sich meinem Griff zu entwinden. Dann spürte ich, wie sich sich sein Körper entspannte, und er sich mir endlich unterwarf. Kurze Zeit darauf ließ ich Benny los und ignorierte ihn für den Rest des Tages.

Er hat nie wieder versucht mich oder einen von uns zu beißen. Doch dieser Übergriff kam in seiner Heftigkeit so unvorbereitet für mich, dass es mich sehr erschreckte. Für einen kurzen Moment tauchte in meinem Kopf die Horrorvision auf, dass in Aishas Genen vielleicht ein Kampfhund steckt. Glücklicherweise kam es aber auch später, als ich mit Benny und den anderen Welpen übte, ihnen Spielzeug oder Futter wegzunehmen, nie wieder zu irgendwelchen Drohgebärden oder Übergriffen. Ich habe lange überlegt, ob ich Ihnen diese Geschichte erzählen soll. Doch bei der Erziehung von Hundekindern geht es nicht nur lustig zu und als „Oberhund" muss man auch mit solch einer Situation fertig werden.

Kara verteidigt ihr Futter

Die zweite Begebenheit überraschte mich nicht, weil es zu einer Auseinandersetzung an der Futterschüssel kam, sondern dass ausgerechnet die kleine Kara die treibende Kraft dabei war. Bis dahin zeigte sich Kara als ein verträgliches, freundliches Hundekind. Sie hatte bisher selten versucht, über ihre Geschwister zu dominieren. Wie bereits beschrieben, fütterte ich ab der siebten Lebenswoche alle Welpen viermal täglich aus zwei großen Ringschüsseln. Beim Fressen stehen die Kleinen im Kreis um den Schüsselrand. Jeder Welpe hat genügend Platz. Doch eines Abends begann Kara mit einem Mal wütend alle Geschwister von ihrer Schüssel wegzuknurren und wegzubeißen. Dies tat sie so nachdrücklich, dass sich nicht einmal mehr die viel kräftigere und sonst nicht so leicht einzuschüchternde Suse in Karas Nähe traute, um mit ihr gemeinsam an der Futterschüssel zu fressen. Das konnte und wollte ich nicht dulden.

Im Alter von acht Wochen erproben die Geschwister ihre Kräfte untereinander. Hierbei geht es recht wild und lautstark zu.

Bild oben: Spieleröffnung. Beide beobachten einander, auf den Boden geduckt, aber sprungbereit.

Bild Mitte: Suse lässt sich nichts gefallen. Mit wütendem Gekläffe springt sie Joker an, der versucht dem Angriff auszuweichen.

Bild unten: Ein wildes Gerangel beginnt, wobei Joker versucht „Oberwasser" zu behalten. Doch Suse tritt ihren Gegner mit den Hinterbeinen weg und schnappt nach ihm. Lange wird sich der gewandtere, aber kleinere Joker nicht oben halten können und dann beginnt die Rauferei wieder von vorne.

Als Kara wiederholt nach Maja schnappte, packte ich sie über die Schnauze und sagte in strengem Tonfall: „Nein. Aus!" Kara gab augenblicklich Ruhe. Dann zog ich mich wieder zurück, setzte mich aufs Sofa und beobachtete das weitere Geschehen.

Hatte Kara meine Erziehungsmaßnahme verstanden? Offensichtlich, denn nun gab es keine weiteren Streitereien. Sie ließ ihre Geschwister wieder mitfressen, ohne sie anzuknurren oder nach ihnen zu schnappen. Für dieses erwünschte brave Verhalten wurde sie dann ausgiebig von mir gelobt.

Erziehung nach Maß

Es gibt Menschen, die tätscheln ihre Hunde so unsanft auf den Kopf, dass man als Beobachter bei dieser Art von grober Zärtlichkeit unwillkürlich selbst den Kopf einzieht. Andere üben sich mit ihrem Hündchen in wilden Kampfspielen und freuen sich, wenn der Kleine seine Kräfte dabei erprobt. Steigert sich der Welpe schließlich so in das Spiel hinein, dass er unbedingt Gewinner werden will, dazu kräftig knurrt und die Zähne fletscht, ist er eben ein „toller Kerl".

Überraschend hat es geschneit. Die Hundefamilie genießt den ersten Winterausflug und das gemeinsame Herumtoben im Schnee. Vor allem Suse fordert Aisha immer wieder zum Spiel mit ihr auf.

Doch solch ein Verhalten sollten Sie keinesfalls fördern. Außer, Sie wünschen sich einen Problemhund, der eines Tages Ihr weiches Sofa besetzt und Sie auf den harten Stuhl verweist.

Wann Sie sich Ihrem Hundekind zuwenden, mit ihm spielen oder das Spiel beenden, bestimmen grundsätzlich Sie als Rudelchef. Doch wie Ihre Reaktion im Einzelnen auf des Verhalten des Hundes ausfällt, muss der Situation, dem Alter des Hundekindes und seiner individuellen Persönlichkeit angemessen sein. Dies erfordert Ihre volle Aufmerksamkeit auf den Hund und natürlich auch die Konzentration des Hundes auf Sie. Innerhalb eines Rudels von acht Welpen, wie in meinem Fall, ist dies ein recht schwieriges Unterfangen. Doch wenn Sie allein mit Ihrem Hundekind sind, fällt dieses Aufeinander-Konzentrieren leichter. Wissen Sie nicht genau, welche Reaktion Ihrerseits nun für den Hund die richtige ist, sollten Sie sich zunächst neutral verhalten und dann entscheiden. So können Sie grobe Fehler aus nervöser Hektik heraus im Umgang mit dem Hund vermeiden.

Welpen fördern

Kleine Fitnessübungen oder spielerische „Denkaufgaben" fördern die Entwicklung des Welpen. Hier einige Tipps aus meiner langjährigen Praxis:

> Üben Sie in kleinen Schritten mit dem Hundekind. Wer mit dem Joggen anfängt, läuft am ersten Trainingstag auch nicht gleich eine Stunde lang.

> Die Aufgabe sollte altersgerecht sein und den Fähigkeiten entsprechen. Beobachten Sie, was das Hundekind schon von sich aus kann. Darauf wird aufgebaut.

Suse

EIN UNGEHEUER AUF DER TREPPE

Wenn die wilden Racker im Wohnzimmer herumtoben dürfen, trennt nur eine Gittertür den Raum zum übrigen Haus ab. Doch heute ist mir Suse beim Öffnen blitzschnell zwischen meinen Beinen hindurch entwischt. Im Welpengalopp geht's die Treppe hoch. Dann – fast oben angekommen – erstarrt das muntere Hundekind. Vor Schreck bleibt ihm das Bellen in der Kehle stecken. Oben auf dem Absatz hockt ein riesiges schwarzes Ungeheuer. Es schaut Suse mit funkelnden Bernsteinaugen an, die Haare gesträubt, mit seltsamen Buckel. Und ein unheimliches Grollen gibt dieses Wesen von sich. Suse saust die Stufen schneller herab, als sie raufgeflitzt ist. Ab ins Wohnzimmer zu Mama. Ja, Suse, das war Sir Lionel, mein alter majestätischer Maine-Coon-Kater, und nicht die liebe kleine Katze Angelina, die immer mit euch kuscheln möchte. Erst gestern hast du sie noch frech am Schwanz gezogen.

Wichtige Erziehungsregeln

1 MOTIVATION: Möchten Sie beispielsweise, dass der Welpe zu Ihnen kommt, dann locken Sie ihn mit freundlicher, offener Körperhaltung – etwa mit weit geöffneten Armen – herbei. Schon während er auf Sie zuläuft, sollten Sie ihn zusätzlich durch Ihre freudig lockende Stimme motivieren.

2 BELOHNUNG: Hat das Hundekind eine Anweisung befolgt, loben Sie den Kleinen mit Streicheln und freundlichen Worten, zum Beispiel: „ Gut hast du das gemacht." Ein Leckerli kann anfangs ein zusätzlicher Anreiz sein, sollte aber nicht auf Dauer gegeben werden.

3 SOZIOPOSITIVE VERSTÄRKUNG: Zeigt der Welpe von sich aus ein gewünschtes Verhalten, bestärken Sie ihn darin mit Lob. Dies kann der Fall sein, wenn er brav daliegt oder von sich aus vor Ihnen absitzt. Dadurch wird das gezeigte Verhalten für das Hundekind erstrebenswert.

4 SOZIONEGATIVE VERSTÄRKUNG: Trösten Sie den Welpen, wenn er Angst zeigt, verstärken Sie so sein ängstliches Verhalten. Winselt oder bedrängt er Sie, und Sie schenken ihm dann Ihre Aufmerksamkeit, erreichen Sie ebenfalls eine Verstärkung dieses Verhaltens.

5 IGNORIEREN: Unerwünschtes Verhalten sollten Sie ignorieren und so dem Welpen Ihre Zuwendung entziehen. Korrigiert er sein Verhalten zum Gewünschten hin, wird er dafür belohnt.

6 ZURECHTWEISUNG: Sie muss innerhalb von 1 bis 2 Sekunden nach dem Fehlverhalten erfolgen, sonst versteht der Hund den Zusammenhang nicht mehr. Das Kommando: „Aus" oder „Nein" sollte stets streng verweisend klingen. Anbrüllen und Schläge sind tabu!

> Ohne Spaß und Lust fällt das Lernen schwer! Motivieren Sie den Kleinen mit Ihrer Stimme und sparen Sie nicht mit Lob und Zuwendung, wenn er eine Aufgabe erfolgreich ausgeübt hat. Beim Üben erhöht ein Leckerli die Motivation.

> Nicht zu lange üben. Vergessen Sie nicht, dass Hündchen noch kein ausgewachsener Hund ist. Falscher Ehrgeiz, Ungeduld oder Druck schaffen nur Verunsicherung.

> Berücksichtigen Sie seine individuellen Veranlagungen. Ich meine, nicht jedes Hundekind muss alles gleichermaßen können.

> Vertrauen Sie dem Kleinen und begleiten Sie ihn bei der Übung mit Ihrer positiven Energie. Das hilft, denn der Welpe spürt dies. Wer dagegen von vorneherein davon ausgeht, dass das Hundekind zu blöd für etwas ist, wird wenig Erfolg haben.

> Üben Sie nicht, wenn der Welpe einen vollen Magen hat oder lieber ruhen möchte.

Sprung über den Baumstamm

Als die Welpen gute acht Wochen alt waren, sprangen Joker und Benny ausgelassen über einen niedrigen Baumstamm, der im Garten lag.

Das wollte ich natürlich im Foto festhalten. Also übten wir mit den beiden, den Sprung auf Kommando zu machen. Lars, mein Praktikant, hockte sich mit Joker hinter den Baumstamm und hielt den Kleinen sanft fest, ich wartete in einiger Entfernung gegenüber. Dann rief ich mit lockender Stimme Joker zu mir und Lars ließ den Kleinen augenblicklich los. Da meine Welpen nicht irgendwo über den Stamm springen sollten, sondern an einem bestimmten Punkt, markierte ich diesen mit Hilfe von Laubzweigen rechts und links wie ein Tor. Schließlich wollte ich eine schöne Aufnahme machen und dazu mussten zuvor die Bildschärfe festgelegt und eine Lichtschranke aufgebaut werden. Damit der Welpe auch springt und nicht erst bedächtig auf den Baumstamm hinaufgeht und

Wenn die Kuscheldecke anfängt, sich zu bewegen, wird sie für Joker und Benny zur Beute. Jetzt gilt es, sie zu erwischen und kräftig festzuhalten.

Im Sand buddeln macht Welpen ebenso viel Spaß wie Menschenkindern. Löcher graben, bis der Sand nur so durch die Gegend stiebt, und dann die Schnauze tief hinein stecken. Voller Sand, mit verdrehtem Augenaufschlag, das ist mal wieder typisch Suse in ausgelassener Spiellaune.

dann heruntergehüpft, musste ich eine hohe Motivation in meine Stimme legen. Ein langweiliges „Komm, komm", in eintöniger Stimmlage, ist wenig anfeuernd. Um den Welpen zu begeistern, müssen Sie aus sich herausgehen, ähnlich wie ein Animateur in einer Ferienclubanlage. Später, wenn das Hündchen etwas größer und gescheiter ist, können Sie dann nur mit Handzeichen arbeiten.

Als Benny die Übung ebenfalls beherrschte, versuchte ich, beide gleichzeitig über den Stamm springen zu lassen. Kein leichtes Unterfangen, denn Benny sprang jedes Mal schneller als Joker. Folglich hielt Lars Benny einen kurzen Moment zurück. Gerade so lange, dass er Joker genau an der Hürde einholte. Nach fünf Übungen klappte es (→ Foto, Seite 76). Bis ein Welpe von alleine absitzt und am anderen Ende so lange sitzen bleibt, bis man ihn ruft, muss er in die

Welpenschule gehen und üben. Übrigens waren nicht alle meine Hundekinder Sprungtalente wie Joker und Benny. Doch von den anderen verlangte ich dies auch nicht. Wenn einer meiner Welpen keinen Spaß an einer Übung hat, biete ich ihm eine Alternative an.

Hinweis: Auch wenn Benny und Joker wahre Sprungtalente sind, sollten Sie diese Übung nicht gezielt mit Ihrem Welpen trainieren. In diesem Alter sind Bänder und Gelenke eines Welpen noch nicht voll entwickelt. Es kann zu Schäden kommen. Geeignete Spiele für junge Hunde finden Sie in der Tabelle auf Seite 102.

Willy kommt zu Besuch

Willy ist der Dackel-Terrier-Mischling meiner Freundin Karin. Er ist ein kluger freundlicher Hund, der nicht nur ein begeisterter Agility-Fan ist, sondern da-

> ### Tipp
>
> Achten Sie bei Ihrem Umgang mit dem Welpen stets auf Ihre Körpersprache und Ihre Stimme. Wollen Sie freudig motivierend sein, streng zurechtweisend oder neutral ignorierend? Ihre Mitteilung muss eindeutig sein!

Nicht immer sind die Hundekinder ausgelassen und kaum zu bändigen. Nach dem Toben folgen Phasen der Entspannung und des fast liebevollen Miteinanders. Aus dieser Stimmung heraus hat sich Bella auf den Rücken gelegt, die Vorderpfoten eingeknickt, und schaut mich an. Diese Haltung zeigt mir ihre vertrauensvolle Entspannung und Unterwerfung. Zärtlich kraule ich sie am Bauch.

rüber hinaus auch für Film und Fernsehen arbeitet. Willy ist gut sozialisiert und bestens erzogen. Deshalb lade ich ihn in unseren Garten zum Besuch meiner Welpen ein. Bevor ich die Kleinen abgebe, möchte ich ihnen noch einen netten Artgenossen vorstellen.

Die Hundekinder haben sich im Garten schon ein wenig austoben dürfen. Hundemutter Aisha ist diesmal nicht dabei. Sie macht inzwischen einen längeren Spaziergang mit meiner Haushaltshilfe. Als Karin mit Willy den Garten betritt, erregt ihr Kommen sogleich große Aufmerksamkeit. Doch statt wie bisher sofort freudig auf den Zweibeiner zuzustürmen, bleiben die Welpen diesmal zögernd stehen. Die Kleinen sind vorsichtig und suchen die gegenseitige Nähe. Als Willy freundlich schwanzwedelnd auf die Hundekinder zugeht, weicht die Meute kurzzeitig zurück. Der fremde Artgenosse wird verbellt.

Willy zeigt sich unbeeindruckt und geht erst einmal zum nächsten Baum, hebt dort sein Bein, um ihn zu markieren. Nun kommt der erste Trupp neugierig näher, angeführt von Joker. Als Willy ihn beriechen will, legt Joker sich unterwürfig auf den Rücken und zeigt damit seinen Respekt vor dem ranghöheren Artgenossen. Spontan fordert Willy zum Spiel auf: Vorderteil runtergebeugt, Hinterteil hochgereckt. Und dann fetzt er los! Er dreht Kreise im Garten, rennt auf die Welpen los, dann wieder weg von ihnen. Er bellt fröhlich und fordert die Kleinen zum Hinterherjagen auf. Die Ersten spielen mit, andere trauen sich noch nicht so recht.

Maja und Bella suchen Schutz hinter meinen Beinen. Doch das ignoriere ich. Tröstende Worte wären hier fehl am Platz und würden ihr ängstliches Verhalten nur verstärken (→ Seite 84). Stattdessen animiere ich meine Welpen, mir zu folgen und mit Willy zu spielen. Ich zeige ihnen, dass von Willi keine Gefahr ausgeht und tobe ausgelassen mit ihm. Erst dann vergeht die anfängliche Unsicherheit meiner kleinen Rasselbande.

Test:

Vertraut der Welpe Ihnen?

Ja Nein

○ ○ 1. Wenn Sie den Kleinen rufen, kommt er freudig zu Ihnen gelaufen?

○ ○ 2. Genießt der Welpe Ihre körperliche Zuwendung und lässt sich überall anfassen?

○ ○ 3. Wenn eine Situation auftaucht, in der sich Ihr Hundekind fürchtet, bleiben Sie ruhig und gelassen. Folgt der Welpe Ihrem Beispiel?

○ ○ 4. Sie halten das Hündchen im Arm, der Kleine hat Ihnen den Bauch zugewandt. Bleibt er dabei entspannt?

○ ○ 5. Nach ausreichender Beschäftigung, ruht der Kleine auf seinem Platz. Er winselt und läuft nicht beständig hinter Ihnen her?

○ ○ 6. Ein Besucher wird freundlich von Ihnen begrüßt. Verhält sich das Hündchen ebenso?

Konnten Sie alle Fragen mit „Ja" beantworten? Glückwunsch! Sonst überprüfen Sie Ihre Verhaltensweisen und suchen sich notfalls Rat bei einem Experten.

Ausflug an unseren kleinen Teich, dessen dünne Eisschicht in der Sonne glitzert. Werden die Welpen vorsichtig sein, oder besteht Gefahr, dass sie im Eis einbrechen? Wir bleiben abwartend in der Nähe.

Bild oben: Benny schaut neugierig zu den Enten hinüber, die am anderen Ufer in einem noch eisfreien Teil des Teiches schwimmen. Doch nach dem Pfotentest im eiskalten Nass bleibt er am Ufer stehen.

Bild Mitte: Eisschollen-Schlecken ist einen Test wert. Ahhh, ein neuartiger kühler Durstlöscher!

Bild unten: Benny, Maja und Suse haben ein Grasbüschel am Ufer entdeckt. Erst mal daran knabbern. Dann springt Suse Maja an, die mit wütendem Gekläffe antwortet. Es folgt eine kurze Rangelei, dann ist die Sache geklärt.

*Der Besuch einer **guten** Welpenschule fördert die weitere Sozialisierung des Hundekindes.*

Wenn ich mich als Rudelchef gelassen und freundlich zeige, lautet die Botschaft für die Welpen: „Kein Grund zur Besorgnis." Schließlich toben alle zusammen durch den Garten, zwischen den Büschen hindurch und um den Schuppen herum. Und weil Willy ein Agilityhund ist, springt er sogleich mal schnell über unseren Baumstamm. Also, wenn Willy kein guter Trainer ist! Vielleicht sollte ich ihn als Animateur bei mir anstellen, wenn es darum geht, meine Hundekinder zu motivieren. Immerhin spricht er die Hundesprache besser als ich.

Die Welpenschule – ein Muss!

Menschenkinder gehen nach dem Kindergarten in die Grundschule. Welpen sollten nach ihrer Aufzucht und Abgabe zusammen mit ihren neuen Haltern genauso selbstverständlich eine gute Welpenschule besuchen. Auch wenn Sie schon über eigene Hundeerfahrung verfügen: Der Welpenkurs ist wichtig für die weitere Sozialisierung des Hundekindes. Darüber hinaus kann das Miteinander mit anderen Welpenhaltern sowie die gemeinschaftliche Beschäftigung mit den Hunden eine durchaus vergnügliche Freizeitbeschäftigung sein.

Fragen Sie Ihren Tierarzt oder Züchter nach einer empfehlenswerten Hundeschule in Ihrer Nähe. Vielleicht können Ihnen auch andere Hundehalter Tipps dazu geben, die selbst einen solchen Kurs belegt haben. Nachfolgend meine Empfehlungen, worauf man bei einer guten Hundeschule achten sollte.

> Ein erfolgreiches Training setzt Kenntnisse aus der aktuellen Verhaltensforschung sowie moderne Lehrmethoden voraus. Langjährige Praxis ist gut, aber nicht immer ausreichend. Fragen Sie unbedingt nach der Qualifikation des Ausbilders, denn leider ist zur Eröffnung einer Hundeschule lediglich ein Gewerbeschein erforderlich.

> Finger weg von Welpenkursen, in denen militärischer Drill vorherrscht. Das ist absolut out. Viel mehr Spaß macht es in entspannter Atmosphäre zu üben. Das motiviert sowohl Hund als auch Mensch (→ Tabelle, Seite 84).

> Gute Kursleiter bieten vorab eine Einführung für die Halter an. Lassen Sie sich ausführlich beraten und schauen Sie sich Örtlichkeit und Schulungsbetrieb im Vorfeld genau an.

> Werden bei der Anmeldung die Impfpapiere kontrolliert sowie der Abschluss einer Haftpflichtversicherung verlangt, spricht dies nur für die Sorgfaltspflicht der Hundeschule.

> Die ideale Gruppengröße innerhalb eines Kurses besteht aus höchstens sechs Hundekindern.

> Die Welpenschule für die Anfänger beginnt mit der achten bis zehnten Lebenswoche. Jetzt einen Kurs zu besuchen ist wichtig, da die Sozialisierungsphase bereits mit der sechzehnten Lebenswoche endet.

> Wenn Sie sich für den Welpen einer recht kleinen Rasse entschieden haben, zum Beispiel Zwergpudel oder Yorkshire-Terrier, sollten Sie mit ihm keinen Kurs besuchen, in dem sich nur Welpen sehr großer Rassen befinden. Auch wenn der Kleine den Umgang mit verschiedenen Hunden lernen muss – ein schüchterner „Mini" könnte hier anfangs schnell physisch und psychisch überfordert sein.

Um sich gut einzugewöhnen, braucht der Welpe Zeit und liebevolles Verständnis.

Abschied nehmen ...

Damit für Aisha und auch für uns die Umstellung nicht zu abrupt ist, gehen die Hundekinder nicht alle auf einmal, sondern nach und nach aus dem Haus. Schon im Vorfeld wurden die Übergabetermine mit den neuen Haltern abgestimmt. Dies ist wichtig zwecks Urlaubsplanung und anderer notwendiger Vorbereitungen. Im Welpenauslauf liegen zusätzliche kleine Decken, die die Halter mir bei ihren Besuchen der Welpen mitgebracht haben. Eine gute Idee. So kann das Hundekind mit vertrautem Heimatgeruch ins neue Zuhause umziehen.

Zuerst werden Daisy und Kara im Alter von acht Wochen abgeholt. Hoppla vier Tage später, gefolgt von Joker, der mit neun Wochen aus dem Haus geht. Benny und Maja beziehen vier Tage später ihr neues Heim. Zuletzt gehen Suse und Bella, als sie gerade zehn Wochen alt geworden sind. Gut, dass ich die letzten vier Hundekinder noch etwas länger bei mir behalten habe. Trotz unermüdlichen Arbeitens, ohne einen freien Tag, wären die gemeinsamen Erlebnisse und Aufnahmen in diesem Kapitel sonst nicht mehr möglich gewesen. Hundemutter Aisha zeigt bis zum Weggang der letzten Welpen keine Veränderung in ihrem Verhalten. Doch an dem Morgen, als auch noch ihre letzten zwei Hundekinder, Suse und Bella, das Haus verlassen, verhält sich Aisha anders als sonst. Ob sie trauert oder nur verunsichert ist, kann ich nicht mit Bestimmtheit sagen. Doch am Abend rührt sie ihr Futter nicht an. Sie geht durchs Haus, schaut überall nach, so als würde sie ihre Kinder suchen.

Die übrige Zeit liegt Aisha sehr still unten im Wohnzimmer, den Kopf auf die Vorderpfoten gelegt, und nimmt nur noch wenig Anteil an ihrer Umgebung. Ich gebe ihr Bachblüten (Notfalltropfen) sowie Ignatia D 12 Globuli, ein homöopathisches Mittel. Es hilft allgemein bei Trauer und unterstützt das Loslassen nach einer Trennung. Am Wochenende unternehme ich mit Aisha einen langen Spaziergang.

Fast liebevoll kaut Maja am Ohr des schlafenden Benny. Diese Aufnahme entstand einige Tage vor ihrer Abgabe. Beide Welpen kamen in befreundete Familien und besuchten später auch zusammen die Welpenschule.

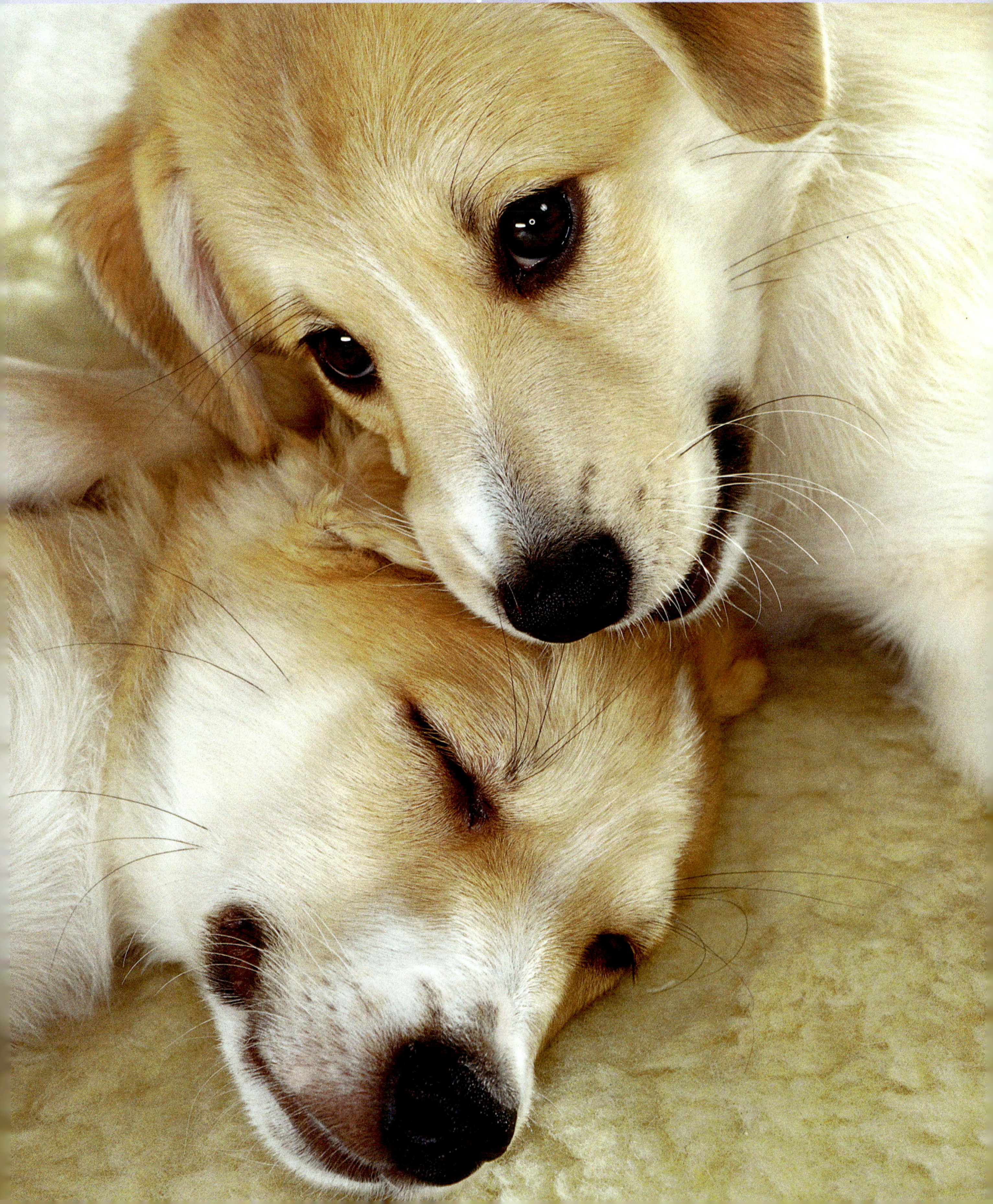

Unterwegs verstecke ich Leckerli, die sie mit großer Begeisterung sucht und fast immer findet. Zwischendurch werfe ich ein Bällchen, das sie mir eifrig zurückbringt. Ablenkung tut gut. Nun springt Aisha wieder munter herum und ihr freudig hin- und herwedelnder Schwanz signalisiert mir: „Alles okay, ich fühl' mich wieder wohl."

Benny

DIE SCHNEERAKETE

Als die Welpen neun Wochen alt sind, gibt es für die vier „Noch-Daheim-Gebliebenen" und für mich als Fotografin eine wunderbare Überraschung: 30 cm Pulverschnee! Den Spaß lassen wir uns natürlich nicht entgehen. Zwischen den Feldern hat der Wind den Schnee zu hohen Haufen geweht. Mit einem Satz springt Benny mitten hinein und – weg ist er. Nur die Schwanzspitze schaut noch heraus. Dann ein heftiges Gestrampel und wie eine Rakete schießt das versunkene Hundekind wieder aus der Schneedecke hervor. Und weil's so Freude macht, machen es die anderen gleich nach. (→ Foto, Seite 96).

Ein Film zum „Heulen"

Einige Tage, nachdem alle Welpen aus dem Haus sind, schauen Lars und ich uns zusammen den Film an, den wir nebenbei, während unserer Arbeit am Buch, über die Hundekinder gedreht haben. Aisha liegt ruhig zu unseren Füßen.

Mit einem Mal ertönt aus dem Fernseher das Fiepen der zwei Wochen alten Welpen in der Wurfkiste. Aisha spitzt aufmerksam ihre Ohren und legt den Kopf zur Seite. Dann steht sie auf und wandert um den Fernseher herum. Hat sie instinktiv auf den Welpenruf reagiert oder kann sie die Lautäußerungen ihrer Welpen von denen anderer unterscheiden? Ich weiß es nicht. Doch als der Film weiterläuft, die Hundekinder sind jetzt sechs Wochen alt und laufen freudig bellend über die Wiese, antwortet Aisha ebenfalls mit Bellen. Dann ist unser Film zu Ende. Der Bildschirm wird dunkel und Stille herrscht im Raum. Auch wir reden nicht. Da setzt sich die Hündin mit einem Mal hin, streckt ihren Kopf hoch hinaus und heult hingebungsvoll weithin hörbar. Minutenlang, so wie es Wölfe tun, wenn sie ihre Artgenossen rufen. Schade, dachte ich in diesem Moment, dass ihre Welpen sie nicht mehr hören können. Vielleicht hätten sie sonst ihrer Hundemutter geantwortet.

Fahrt ins neue Heim

Gut, dass alle meine Hundekinder keine allzu lange Autofahrt in ihr neues Zuhause überstehen mussten. Morgens durften sie noch einmal rausgehen, sich austoben und dringende Geschäfte erledigen. Zu fressen gab es allerdings nichts mehr, damit keiner von ihnen unterwegs spuckte. Doch alles in allem waren es gute Voraussetzungen für eine angenehme Autofahrt.

Eine vorverlegte Weihnachtsüberraschung, kurz bevor auch die letzten vier Welpen aus dem Haus gehen: Cocktailwürstchen zum Abknabbern. Was für ein Festschmaus!

Am besten transportiert man den Welpen in einer sicheren abgedunkelten Transportbox aus Kunststoff. Manche Hunde werden nämlich trotz aller vorbeugender Maßnahmen vor allem deshalb im Auto reisekrank, weil ihr Gehirn die Eindrücke einer sehr schnell an ihnen vorbei fliegenden Landschaft nicht verarbeiten kann. Sie beginnen dann, aus ihrem Unwohlsein heraus, zu hecheln und oft auch zu sabbern. So kann die Autofahrt für den Welpen zu einem negativen Erlebnis werden, das sich für immer bei ihm einprägt.

Über Nacht ist so viel Schnee gefallen, dass die Hundekinder bis zum Bauch darin versinken. Ein völlig neues Gefühl und ein aufregendes Abenteuer obendrein.
Fotos von links nach rechts:
Gar lustig ist's durch die Schneewehe zu springen.
Kurze Verschnaufpause.
Die Schnauze tief in den Schnee stecken. Haben die Hundekinder ein Mauseloch erschnüffelt?
Rangeleien und Gekläffe unter den Geschwistern gehören mit dazu.

Zu Hause angekommen

Ein Welpe, der in sein neues Zuhause kommt, sollte keinesfalls mit einer Willkommensparty überrascht werden. Ruhe und Zuwendung sind jetzt für den Kleinen das Wichtigste. Eventuelle Besucher vertrösten Sie besser auf später. Wenn Sie Kinder haben, erklären Sie ihnen, dass das Hündchen nicht ständig herumgetragen werden möchte. Geben Sie dem Neuankömmling erst einmal Zeit, richtig anzukommen.

Der Welpe möchte zunächst in aller Ruhe seine neue Umgebung erkunden und ausgiebig schnüffeln. Danach können Sie dem Kleinen seinen zukünftigen Schlafplatz zeigen und das Eckchen im Garten, wo er sich lösen darf. Hat sich die anfängliche Nervosität gelegt, versuchen Sie, dem Welpen ein wenig Futter anzubieten. Nicht zu viel am ersten Tag – am besten

etwas von dem gewohnten Futter. Auf diese Weise gibt es meist keine größeren Umstellungsprobleme. Beginnt der Kleine schließlich zu fressen, ist das erste Eis gebrochen. Er fühlt sich bereits recht wohl in seinem neuen Heim.

Die erste Nacht sollte der Welpe in Ihrer Nähe schlafen dürfen. Am besten in einem hohen Karton oder Kistchen vor Ihrem Bett, damit Sie am Morgen rechtzeitig mit ihm nach draußen gehen können und das Hundekind sein Bächlein nicht irgendwo in der Wohnung erledigen muss. Außerdem wäre ein striktes Wegsperren und Alleinsein zum jetzigen Zeitpunkt nicht artgerecht für das „Rudeltier" Hund.

Um den Trennungsschmerz von Mutter und Geschwistern zu mildern, legen Sie ihm die Decke mit seinem vertrauten Heimatgeruch ins Körbchen (→ Seite 92).

Tipp

Ein kurzer Spaziergang in Schnee und Kälte härten ab. Der Welpe muss jedoch dabei in Bewegung bleiben. Zu Hause angekommen, rubbeln Sie den Kleinen trocken, damit er sich nicht erkältet.

Hier gefällt's mir!

Alle Hundekinder sind inzwischen bei mir ausgezogen. Sie haben mit Erfolg ihr neues Zuhause und – wie es scheint – auch die Herzen ihrer Menschen erobert. Alle sind glücklich über ihren vierbeinigen Familienzuwachs. Was zwischen der Abgabe der Welpen und ihrem 6. Lebensmonat Aufregendes und Lustiges passiert ist, erzähle ich Ihnen in diesem letzten Kapitel.

Neues Glück ...

NACH DER ABGABE DER WELPEN habe ich mit den neuen Haltern von Zeit zu Zeit telefoniert. Doch nun möchte ich die Kleinen, inzwischen Hunde-Teenager geworden, besuchen. Ob sie mich wieder erkennen oder ich sie? Ob sie sich an meine Stimme und an meinen Geruch erinnern? Und wie sehen Suse, Benny, Joker und Kara jetzt wohl aus? Mal gespannt. Begleiten Sie mich doch einfach auf meinen Besuchen und lassen Sie sich überraschen.

Vom Fotomodell zum Filmstar

Unser Superstar Suse zog zusammen mit ihrer Wurf-schwester Bella nach Ramsau, ins Berchtesgadener Land. Hier leben sie bei der Familie Simbeck, die eine Filmtierschule haben. Neben Suse und Bella gibt es außerdem die neunjährige Mischlingshündin Niña, die zweijährige Zwergpudeldame Shari, den alten Kater Muck und die Blaustirnamazone Lolita. Das ländliche Haus liegt abseits der Straßen, hoch oben am Hang, umgeben von einem großen Garten, in dem nach Lust und Laune herumgetobt werden darf. Gleich hinter dem Anwesen schließt sich ein Land-schaftsschutzgebiet, ohne jeglichen Autoverkehr und weitere Bebauung, mit glasklaren Gebirgsbächen, herrlichen Almenwiesen und Wäldern an. Hier geht die Familie mit den Hunden spazieren. Fast zu benei-den, solch ein Hundeleben. Und für mich gibt es als Fotografin, quasi als Sahnehäubchen, einen Blick auf ein atemberaubendes Bergpanorama mit dem noch

Sich Verstecken, ein Leckerli oder das Lieblingsspielzeug im Karton suchen. So können Sie Hunde in der Wohnung beschäftigen.

3.-7. Monat

immer Schnee bedeckten Watzmann dazu (→ Foto, Seite 104). Als ich aus dem Auto steige, werde ich von Suse und Bella freudig begrüßt. Suse ist stürmisch und neugierig wie immer, Bella, das Sensibelchen, verhält sich etwas zurückhaltender.

Wir sitzen gemütlich auf der Terrasse, alle Hunde liegen um uns herum, und ich lasse mir erzählen, wie es Suse und Bella seit ihrer Ankunft ergangen ist. Erstaunt höre ich, dass anfangs die sonst eher schüch-terne Bella über die viel forschere, selbstbewusste Suse dominierte. Bella war die Chefin, die stets zuerst fraß, die Lieblingsplätze für sich belegte und beim Spiel Suse energisch traktierte. Erst in den letzten Wochen, die Hunde sind jetzt gute sieben Monate alt, hat sich das Zusammenleben wieder zu Gunsten von Suse ausgeglichen.

Etwas später toben die beiden Hunde unbeschwert zusammen auf der Wiese, wobei Suse noch einige Extrarunden dreht. Sie ist schnell wie ein Windhund und zeigt die ausgelassene Spielfreude, die ich so gut von ihr kenne. Suse und Bella haben sich zu hübschen Vierbeinern mit halblangem Fell entwickelt: Die hell-blonde zartere Bella misst etwa 43 cm Schulterhöhe, Suse, mit 47 cm, ist so groß wie ihre Mama Aisha. Wären mir die Hunde allerdings irgendwo auf der Straße begegnet, ich hätte beide wohl kaum mehr wieder erkannt.

Doch im Umgang mit ihnen, ist mir das Wesen der beiden nach wie vor vertraut. Die anhängliche Bella begegnet noch immer allen Menschen und Tieren mit großer Sanftmut. Spiel- und Schmusestunden sind ihr auch momentan noch lieber als zu viel Abenteuer. Ganz anders dagegen ihre Wurfschwester Suse.

spiele für den jungen Hund

1

SUCHSPIELE: Leckerli und beliebte Spielsachen werden anfangs gut sichtbar versteckt. Motivieren Sie den Kleinen zum Suchen. Versteht er die Aufforderung nicht, können Sie den Welpen anfangs mit Ihrer Stimme zum Suchen animieren und ihm suchen helfen.

2

VERSTECKEN: Wenn der Welpe auf sicherem Gelände ohne Leine mit Ihnen spazieren geht und sich zu weit von Ihnen entfernt, sollten Sie sich schnell verstecken, ihn rufen und ihn loben, wenn er herbeieilt. Dies macht Spaß und erhöht beim Welpen die Aufmerksamkeit Ihnen gegenüber.

3

BALLSPIELE: Zeigen Sie dem Welpen zuerst den Ball und rollen Sie ihn dann von ihm weg. Später kann der Ball geworfen werden, allerdings nicht zu weit. Verwenden Sie nur spezielle Bälle für junge Hunde, die die Kleinen gut apportieren können.

4

BEUTESPIELE: Ziehen Sie Beißseile oder Beißsäckchen an einer Angel vor dem Hund her. Hält er die „Beute" mit den Zähnen fest, darf man ein wenig mit ihm „Kräfte messen". Doch stacheln Sie den Kleinen nicht zu sehr an. Sie bestimmen als „Oberhund" immer, wer Sieger im Spiel bleibt. Das Hergeben-Lernen wird mit einem Leckerli geübt.

5

NEUES ENTDECKEN: Verändern Sie ab und zu die Route beim täglichen „Gassigehen". Das macht den Spaziergang interessanter. Der junge Hund soll außerdem lernen, sich sowohl auf dem freien Gelände als auch in der Stadt mit fremden Menschen und im Autoverkehr zurechtzufinden.

6

GESCHICKLICHKEIT ÜBEN: Liegt im Wald ein dicker Baumstamm mit Rinde, können Sie versuchen, mit Ihrem Welpen zusammen darüber zu balancieren. Das trainiert den Gleichgewichtssinn. Achten Sie darauf, dass der Untergrund nicht rutschig ist, sonst droht Verletzungsgefahr und der Welpe wird unnötig verunsichert.

Suse gefällt es, wenn etwas um sie herum passiert, was sie neu entdecken kann. Sie lernt sehr schnell und ist immer mit großem Eifer bei der Sache. Sie genießt es regelrecht, im Mittelpunkt zu stehen. Gepaart mit ihrer Spielfreude, der Begeisterung für Leckerli und dem hübschen Erscheinungsbild, bringt Suse alle Voraussetzungen für die Arbeit vor der Kamera mit.

Erste kleine Rollen beim Fernsehen hat Suse bereits erfolgreich gemeistert. Bis sie allerdings ein erfahrener Profi wird, gilt es noch viel zu lernen. Doch ich weiß sie in guten Händen, denn ich kenne Herrn Simbeck und seine Filmtierschule schon länger. Hier wird jedes Tier ohne körperliche Züchtigung mit Lob und viel Erfahrung ausgebildet. Die Arbeit vor der Kamera erfolgt stets unter Einhaltung des Tierschutzgesetzes. Aus seiner Schule kommen zum Beispiel die Irish Setter Hündin „Ronja" der Serie „Forsthaus Falkenau", und die Haus- und Wildtiere der Serie „Dr. Engel".

Als ich die neue Heimat von Suse und Bella verlasse, habe ich vor lauter fotografieren kaum Zeit gefunden, die herrliche Natur zu genießen. Bei meinem nächsten Besuch werde ich das nachholen und vielleicht mit beiden Hunden zusammen eine längere Wanderung unternehmen.

Benny, der Abenteurer

Wer in der Nähe von München exklusiv wohnen möchte, zieht an einen der vielen Seen. Und genau dort, in Herrsching am Ammersee, fand auch Benny, unser Titelmodell, ein neues Zuhause (→ Foto, Seite 106). Er lebt in einer Familie mit zwei Kindern, Ludwig, elf Jahre, und Leo, neun Jahre alt. Benny besucht zusammen mit seiner Wurfschwester Maja eine Welpenschule, denn Maja zog zu einem Ehepaar im gleichen Wohnort. Natürlich sind die Spielstunden in der Welpenschule für beide Hundekinder ein großes Vergnügen. Demnächst wird Benny, ebenso wie Maja, den weiterführenden Junghundekurs besuchen.

Auch bei Kälte und Schnee ist Bewegung gesund. Auf diesem Foto springt Benny nach der „Beute" und hält sie mit den Zähnen fest. Kara wartet inzwischen gespannt ab.

Wie meine anderen Hundekinder, wurde Welpe Benny ohne Probleme in knapp zwei Wochen stubenrein. Das lag natürlich auch daran, dass die Halter den Welpen stets genau im Auge behielten und so jederzeit rechtzeitig erkannten, wann das Hündchen Anstalten machte, sein Geschäft zu erledigen.

In der Eingewöhnungszeit schlief Familienvater Martin im Wohnzimmer auf der Couch, Benny in seinem Kistchen vor der Couch. Indem man den Welpen anfangs nicht alleine lässt, hilft man ihm, die Trennung von Mutter und Geschwistern leichter zu über-

winden. Ein weiterer positiver Effekt: Man merkt morgens sofort, wann es Zeit wird, den Kleinen hinauszulassen, denn ein Hundekind verunreinigt nicht gern seinen Schlafplatz.

Ob er als Welpe viel zerkaut hat, will ich wissen. „Ja, Papas Filzpantoffel und sein Schlafkistchen." Nun, wenn weiter nichts kaputt ging, war Benny doch ein recht artiges Hundekind, meine ich. Wie alle jungen Hunde hat auch Benny viel Neues kennengelernt und etliches an Erfahrungen dazu gewonnen. Auch zwei recht schmerzhafte Erlebnisse musste er verkraf-

Ein nicht alltägliches Familienfoto: Suse mit der Zwergpudeldame Shira und der Blaustirnamazone Lolita, im Hintergrund das Alpenpanorama. Wie man sieht hat Suse schon viel dazugelernt: auf Kommando auf das Holzpodest springen und „Bleib" befolgen. Dafür gab es auch ein besonderes Leckerli.

ten. Doch auch das gehört manchmal dazu. Als die beiden Jungen der Familie einmal Fußball spielten, geriet Klein-Benny versehentlich in ihre Schusslinie. Durch die offene Terrassentür lief das Hundekind hinaus und wollte mitspielen. Doch so ein Fußball kann einen kleinen Hund ganz schön umhauen. Seitdem ist Fußballspielen im Garten tabu.

Die andere schmerzhafte Erfahrung sammelte Benny, als er im Frühjahr beim Stöbern im Gebüsch in einen Bienenschwarm geriet. In seiner Unerfahrenheit versuchte er auch noch, nach diesen Insekten zu schnappen. Das kostete ihn eine dick geschwollene Lefze und etliche schmerzhafte Stiche am ganzen Körper. Dennoch ist Benny gimpflich davon gekommen. Hätte ihn eine Biene beim Verschlucken in die Speiseröhre gestochen, wäre sie angeschwollen und Benny hätte ersticken können. So blieb es bei der schmerzhaften Erfahrung, dass man als Hund Bienen besser aus dem Weg geht.

Als wir am Ammersee spazieren gehen, zeigt mir Bennys Frauchen die Freude des Hundes am Wasser und führt mir seine Apportierkünste vor. Jedes geworfene Stöckchen wird mit großer Begeisterung zurückgebracht. Ich empfehle, statt der Stöcke besser ein so genanntes Dummy zu verwenden. Dummys werden eigentlich als Ersatzbeute bei der Jagdhundeausbildung eingesetzt, eignen sich aber auch hervorragend zum Apportieren beim Spaziergang. Es gibt sie in verschiedenen Größen und Materialien. Ein tolles Spielzeug, das Sie in jedem gut sortierten Fachhandel für Hundebedarf kaufen können. An Stöckchen oder Ästen können sich Hunde schwer verletzen. Sie sind zu hart und können splittern.

Joker

NICHT ALLES GUTE KOMMT VON OBEN

Als Joker noch recht klein war, machten seine Menschen und er Rast auf einer Bank unter Tannen. Es lag noch Schnee, man trank Tee aus der Thermoskanne und aß die mitgebrachten Schinkenbrötchen. Joker saß vor den Füßen seiner Familie, hoffnungsvoll abwartend, ob auch etwas Gutes für ihn dabei abfiel. Doch was herunterfiel, war keinesfalls so gut, wie erwartet. Mit einen Mal sausten schwere Tannenzapfen wie Geschosse vom Baum herab. Einer davon traf den arglosen Joker am Kopf. Aua, das hat wehgetan! Doch die beiden Übeltäter, zwei Eichhörnchen, sprangen frech keckernd von Ast zu Ast und scherten sich wenig um des Hündchens Schmerz. Joker indes hat den Vorfall nicht vergessen. Seit diesem Tag mag er keine Eichhörnchen mehr und verfolgt sie, sobald er sie entdeckt.

Frauchen hat für Benny einen Birkenast ins Wasser geworfen. Freudig bringt er ihn zurück ans Ufer. Benny geht gerne ins Wasser und genießt die Spaziergänge zum nahe gelegenen See. Ein Dummy ist zum Apportieren jedoch ungefährlicher als ein Ast, der splittern kann (→ Seite 106).

Tierärzte haben mir von schweren Verletzungen im Rachenbereich berichtet. Ich bin sicher, Bennys Frauchen wird meinen Ratschlag beherzigen und der gescheite Benny kann dann seine Apportierfreude unbeschwert genießen.

Jokers Hang zur Größe

Unser kleiner Rüde, inzwischen 43 cm hoch und mit 11 kg Gewicht eher leicht und zartgliedrig gebaut, fand bei einer Familie in Augsburg sein neues Zuhause (→ Foto, Seite 108). Dort lebt er in einem „gemischten" Rudel, bestehend aus den Eltern, zwei Kindern – Monika fünf und Michael neun Jahre alt – sowie einer dicken Katze namens „Liesl". Als ich ankomme, mich hinhocke und Joker mit ausgebreiteten Armen herbeirufe, kommt er freudig angerannt. Er schnüffelt mich ab, wirft sich auf den Rücken, lässt sich kraulen, nimmt mein Begrüßungsleckerli entgegen und läuft dann wieder zurück zu seinem Frauchen. Durch dieses Verhalten hat Joker mich als ehemaligen „Oberhund" respektvoll begrüßt, mir aber danach auch deutlich zu Verstehen gegeben: „Hallo, freue mich dich wieder zu sehen, doch nun bin ich hier zu Hause. Und in meinem Rudel fühle ich mich wohl."

Später im Garten erzählt mir Jokers Halterin, was ihre Familie in den vergangenen Monaten mit dem Hundekind so alles erlebt und mit ihm gemeinsam unternommen hat. Als verantwortungsbewusste Hundehalter haben sie mit Joker natürlich ebenfalls eine Welpenschule besucht und werden nun mit dem Unterricht für Junghunde fortfahren.

Ob Joker gern mit den anderen Welpen gespielt hat, frage ich. „Oh ja, am liebsten mit den großen, gleich ob das ein Bernhardiner oder Schäferhund war." Anscheinend hat also Klein-Joker, der schon damals am liebsten mit der viel kräftigeren Suse spielte, seine Vorliebe für größere Damen beibehalten. Und auch andere imposante Tiere scheinen Jokers

Test:
Gut auf den Welpen vorbereitet?

Ja   Nein

○   ○   1. Haben Sie alles Nötige besorgt? Hundekorb, Futter- und Wassernapf, Halsband, Leine, Spielsachen, Welpenfutter.

○   ○   2. Ist gewährleistet, dass Sie die ersten Wochen ausreichend Zeit für den Welpen haben?

○   ○   3. Schon den richtigen Tierarzt gefunden? Mit zwölf Wochen wird erneut geimpft.

○   ○   4. Der Welpenkurs beginnt für Hundekinder ab acht Wochen. Haben Sie sich schon im Vorfeld informiert?

○   ○   5. Ist Ihr Garten ausbruchsicher und ein Platz für das Hundegeschäft bestimmt?

○   ○   6. Im Auto muss der Hund vorschriftsmäßig gesichert sein. Haben Sie entsprechende Vorkehrungen getroffen?

○   ○   7. Haben Sie Ihr Haus auf eventuelle Gefahrenquellen hin überprüft?

Konnten Sie alle Fragen mit einem „Ja" beantworten? Ein dickes Lob für Sie. Ansonsten holen Sie die vergessenen Vorkehrungen noch schnell nach.

Foto links: So schaut Joker mit sieben Monaten aus. Hätten Sie ihn wieder erkannt?

Foto rechts: Auch Kara (Nele) hat sich sehr verändert. Sie lebt in einem Mehrfamilienhaus, zusammen mit der weißen Schäferhündin Cimba und dem rumänischen Straßenhund Ikarus.

Herz erobern zu können. „Im Winterurlaub in den Bergen unternahmen wir eine Fahrt im Pferdeschlitten. Joker war völlig fasziniert von den Pferden, obwohl er da ja noch recht klein war." Dann berichtet mir Jokers Frauchen, dass er sie in seinem Verhalten manchmal an Hütehunde erinnere. „Nicht nur, dass er keinem Wild hinterher jagt. Wenn wir gemeinsam spazieren gehen und eines der Kinder etwas zurück bleibt, wird Joker ganz unruhig. Dann rennt er hin und her, umkreist uns alle und ist erst wieder zufrieden, wenn seine ‚Herde' dicht beieinander ist".

Schließlich höre ich noch von den vielen Rehen und Hasen, die ihnen bei Spaziergängen im Wald und auf dem Feld über den Weg gelaufen sind. Wenn so viel Wild in der Nähe ist, beruhigt es ungemein, mit einem Hund unterwegs zu sein, den das überhaupt nicht interessiert. Nur bei einer Tierart macht Joker

eine Ausnahme. Warum das so ist, habe ich Ihnen in der kleinen Geschichte auf Seite 105 erzählt. Zum Abschluss darf ich noch viele Fotos anschauen, vor allem die von den gemeinsamen Segeltörns mit „Kapitän Joker" auf dem Familienboot. Als ich mich schließlich verabschiede, bin ich gewiss: In dieser unternehmungslustigen Familie wird sich Joker bestimmt nie alleine fühlen oder langweilen.

Karas Wohngemeinschaft

Kara zog in ein altes großes Haus mit herrlichem Garten nach München-Gauting. Sie lebt dort nicht nur in einer Wohngemeinschaft mit drei Familien, sondern auch noch mit zwei weiteren Hunden. Kara, die nun Nele heißt, nach dem französischen Wort „Noël"= Weihnachten, wohnt mit ihrem Frauchen im ersten

Tipp

Auch wenn Sie schon Erfahrung in der Hundehaltung haben, gehen Sie mit Ihrem Hundekind in die Welpenschule. Das spielerische Lernen in der Gruppe ist für die weitere Sozialisierung sehr wichtig.

Alle Hundkinder haben ein wunderbares neues Zuhause gefunden. Das macht mich glücklich ...

Stock des Hauses. Im Erdgeschoß lebt der Sohn mit Familie und Cimba, der dreizehnjährigen weißen Schäferhündin. Den zweiten Stock bewohnen Tochter, Schwiegersohn, die drei Jahre alte Enkeltochter und der vierjährige Rüde Ikarus, ein freundlicher, rumänischer Straßenhund. Mit ihm spielt Nele am liebsten, auch wenn sie sich recht gut mit der älteren Cimba versteht. Doch zum gemeinsamen Herumtoben ist der jüngere Rüde für die lebhafte Nele besser geeignet (→ Foto, Seite 109).

Im Garten sind allerlei Spielgeräte für die drei Kinder aufgebaut. Als neugieriger Junghund hat Nele schon einiges davon ausprobiert: durch den Spieltunnel robben, in den Häuschen Verstecken spielen oder sich kurz im aufblasbaren Planschbecken erfrischen. Das Bad im Planschbecken geschah allerdings unfreiwillig, denn Nele rutschte auf dem kleinen Holzpodest vor dem Becken aus und fiel dann ins Wasser.

Als wir gemeinsam im Garten sitzen, kommt die dreijährige Enkeltochter dazu und bläst auf ihrer Mundharmonika. Nele setzt sich vor das Kind hin, den Kopf weit zurückgelegt, und stimmt heulend in das „Konzert" ein. Ihre Stimme klingt dabei hell und sehr melodisch, fast so, als wolle sie mitsingen. Und genau so ist es auch. In diesem Fall heult Nele nicht aus Einsamkeit, um über weite Entfernungen mit Art-

genossen zu kommunizieren. Angeregt durch die Musik, „singt" Nele eher aus einem Glücksgefühl heraus mit ihrem Menschenrudel.

Die Anderen ...

Auch Maja, Daisy und Hoppla haben gute Plätze bei lieben Menschen gefunden. Hundemutter Aisha hat sich längst von den Strapazen der Welpenaufzucht erholt. Und ich möchte nun in einen wohlverdienten Urlaub fahren. Ich hoffe, Sie hatten Freude mit diesem Buch und haben vielleicht einiges Neue über Hunde erfahren, das Ihnen im Umgang mit Ihrem vierbeinigen Freund weiterhilft.

Ein Küsschen in Ehren kann niemand verwehren ... Ein Abschiedsfoto von unseren Superstars Suse und Benny, kurz bevor sie in ihr neues Zuhause zogen. Vergleichen Sie dazu die Fotos auf Seite 3, im Alter von dreieinhalb Wochen, und auf Seite 104 und Seite 106 die beiden mit sieben Monaten.

Wie sehen diese Hundekinder ...

Wie sehen diese Welpen als erwachsene Hunde aus? Versuchen Sie sich doch einfach einmal in diesem Ratespiel. Es ist gar nicht so schwer. Ganz spielerisch lernen Sie dabei einige beliebte Hunderassen kennen, die als besonders familienfreundlich gelten. Die hier abgebildeten neun Beispiele zeigen kleine, mittlere und große Rassen.

Er bleibt klein und hat ein weißes Fell. Man kennt ihn aus der Fernsehwerbung.

Ein verspielter, fröhlicher Hund mit langen Hängeohren.

Drei verschiedene Rassen liegen seiner Züchtung zugrunde, und er hat von jeder etwas.

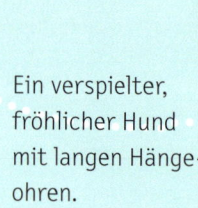

Ob als Zwerg, mittelgroß oder groß, sein Fell ist stets gelockt.

In Australien haben seine Vorfahren Schafe gehütet.

Diese Rasse apportiert mit Leidenschaft und schwimmt gern.

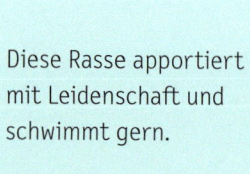

Dieser Hund ist nach dem Sportler im Ring benannt.

g

Sein Fell trägt er kurz, rau- oder langhaarig, stets aber weiß mit braunen Flecken.

h

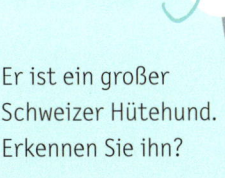

i

Von einem seiner Vorfahren hat er die blauen Flecken auf der Zunge geerbt.

j

Er ist ein großer Schweizer Hütehund. Erkennen Sie ihn?

k

Mit den gleichen Ohren wie auf Seite 112, nur diesmal in anderer Farbe.

l

So blaue Augen hat dieser Hütehund nur, wenn er merlefarbig ist.

... später mal aus?

Golden Retriever

Sehr freundlicher, verträglicher Hund, der aber auch viel Beschäftigung braucht. Seine Leidenschaft sind Schwimmen und Apportieren. Als Mode-Hund gefragt und leider massenvermehrt. Augen auf beim Welpenkauf!

Cocker Spaniel

Kleinere, sehr verspielte Hunde mit seidigem Fell in mehreren Farben. Auch für Anfänger geeignet. Besonders bei roten Cockern kann eine Nervenkrankheit (Cockerwut) auftreten.

Kromfohrländer

Äußerst anhänglicher, kleiner Familienhund, der auf der Straße meist mit einem Mischling verwechselt wird. Seine Fellfarbe ist weiß mit braunen Flecken, die Rauhaar-Variante am meisten verbreitet. Verträgt sich gut mit anderen Haustieren, wildert nicht.

Pudel

Es gibt ihn als Zwerg-, Klein- und Großpudel. Sehr intelligent und gut erziehbar. Benötigt eine regelmäßige Schur. Fellfarben: schwarz, weiß, braun, silber und apricot. Überzüchtete Zwergpudel neigen zur Nervosität.

West Highland White Terrier

Lustiger, kleiner Kobold, der aber konsequent erzogen werden muss. Sein weißes Fell sollte regelmäßig getrimmt werden. Als Mode-Rasse beim Welpenkauf besonderes Augenmerk auf einen guten, erfahrenen Züchter legen.

Boxer

Sportliche, muskulöse Kurzhaarrasse, die als besonders kinderfreundlich gilt. Farben: gelb bis rot, gestromt, mit und ohne weiße Abzeichen. Wenn er aufgeregt ist, „sabbert" er gern. Guter Wach- und Gebrauchshund.

Eurasier

Diese Rasse wurde aus Chow-Chow, Wolfsspitz und Samojede herausgezüchtet. Angenehmer, eher ruhiger Familienhund, anhänglich, wachsam, aber nicht aggressiv.

Sennenhund

Der langhaarige Berner Sennenhund wildert nicht, ist liebevoll und zuverlässig. Fellfarbe nur wie abgebildet. Kein Stadthund. Liebt es viel draußen zu sein, mag es eher kühl als zu heiß.

Australian shepherd

Hütehund mit den dafür typischen Eigenschaften: agil, lernfreudig, verträglich mit anderen Tieren, wildert nicht, wachsam, braucht sportliche Beschäftigung. Wird in unterschiedlichen Farben gezüchtet, Fell mittellang.

Auflösung:

Auflösung: 1f, 2c und k, 3h, 4d, 5a, 6g, 7b und i, 8j, 9e und l.

Rassen- und Sachregister

Adressen und Impressum

Verbände/Vereine

> Fédération Cynologique Internationale (FCI), Place Albert 1er, 13, B-6530 Thuin/Belgien, www.fci.be
> Verband für das Deutsche Hundewesen e.V. (VDH), PF 104154, 44041 Dortmund, www.vdh.de
> Österreichischer Kynologenverband (ÖKV), Siegfried-Marcus-Straße 7, A-2362 Biedermannsdorf, www.oekv.at
> Schweizerische Kynologische Gesellschaft (SKG/SCS), Postfach 8276, CH-3001 Bern, www.hundeweb.org

Zeitschriften

> Der Hund. Deutscher Bauernverlag, Berlin
> Partner Hund. Gong Verlag, Ismaning
> TierBILD. Axel Springer Verlag, Hamburg

Internetadressen

www.hundewelt.de
www.hunde.com
www.hundewelpen.de

Adresse der unterstützten Tierschutzorganisation:

Tierschutzverein Franz-von-Assisi e. V. , Doris und Ludwig Lackner, Badangerstr. 36, 86438 Kissing
www.Tierschutzverein-Kissing.de

Hinweis: 2005 erscheint der Kalender zu diesem Buch im Heye Verlag, München: Monika Wegler, Hundekinder 2006

Impressum

©2004 GRÄFE UND UNZER VERLAG GmbH, München. Alle Rechte vorbehalten. Nachdruck, auch auszugsweise, sowie Verbreitung durch Bild, Funk, Fernsehen und Internet, durch fotomechanische Wiedergabe, Tonträger und Datenverarbeitungssysteme jeder Art nur mit schriftlicher Genehmigung des Verlages.

Programmleitung: Steffen Haselbach
Leitende Redaktion: Anita Zellner
Redaktion: Gabriele Linke-Grün
Umschlaggestaltung und Layout: Sabine Krohberger, independent Medien Design
Herstellung: Susanne Mühldorfer
Satz: Cordula Schaaf
Reproduktion: Penta, München
Druck: Appl, Wemding
Bindung: Oldenbourg Buchmanufaktur, Monheim

Printed in Germany
ISBN 3-7742-6360-4

Auflage: 4. 3. 2. 1.
Jahr: 07 06 05 2004

GRÄFE UND UNZER

Ein Unternehmen der
GANSKE VERLAGSGRUPPE

Das Original mit Garantie

Ihre Meinung ist uns wichtig. Deshalb möchten wir Ihre Kritik, gern aber auch Ihr Lob erfahren. Um als führender Ratgeberverlag für Sie noch besser zu werden. Darum: Schreiben Sie uns! Wir freuen uns auf Ihre Post und wünschen Ihnen viel Spaß mit Ihrem GU-Ratgeber.
Unsere Garantie: Sollte ein GU-Ratgeber einmal einen Fehler enthalten, schicken Sie uns das Buch mit einem kleinen Hinweis und der Quittung innerhalb von sechs Monaten nach dem Kauf zurück. Wir tauschen Ihnen den GU-Ratgeber gegen einen anderen zum gleichen oder ähnlichen Thema um.
Ihr GRÄFE UND UNZER VERLAG
Redaktion Haus & Garten
Stichwort: Hundekinder
Postfach 860325
81630 München
Fax: 089/4 19 81-113
e-mail:
leserservice@graefe-und-unzer.de

Die Autorin und Fotografin:

Monika Wegler

Als ausgebildete Profifotografin machte sich die gebürtige Rheinländerin, nach lang-
jähriger beruflicher Pause für Familie und Kinder, 1983 in München als Fotografin selbstständig. Mit hohem Einsatz und dank ständiger beruflicher Weiterbildung gehört sie
heute zu den anerkanntesten Heimtierfotografen Europas und ist Autorin vieler erfolg-
reicher Tierratgeber. Zu ihren neuesten Publikationen gehören der Ratgeber „Katzenkin-
der entdecken die Welt", Gräfe und Unzer Verlag, 2003, sowie ihre Tierkalender im Heye
Verlag. Der Kalender „Hundekinder" erscheint im Herbst 2005.
Dank aussprechen möchte ich dem Hundeverhaltensexperten, Horst Hegewald, der mir
mit seiner langjährigen praktischen Erfahrung immer dann geholfen hat, wenn ich mal
nicht weiter wusste. Dank auch Dr. Katikaridis und Dr. Hofstetter, Dachau, für die gute
tierärztliche Betreuung meiner Hunde. Ein besonderes Dankeschön geht an meine Lek-
torin und Redakteurin, Gabriele Linke-Grün, die mich jederzeit bei meiner Arbeit unterstützt hat. Und „last but not least" danke ich der wundervollen Hundemutter Aisha, von
der ich so viel über Hunde erfahren und lernen durfte. Ohne sie und ihre acht Welpen
wäre dieses Buch nie zustande gekommen. Wenn Sie mehr über die Tierschutzarbeit des
Franz-von-Assisi-Tierheims e. V. erfahren möchten, wo man misshandelten und ausge-
setzten Tieren hilft, finden Sie auf Seite 118 die genaue Anschrift.

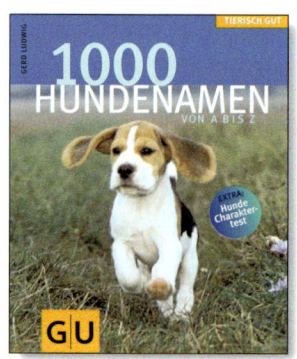